U0045259

天下文化
BELIEVE IN READING

人力資源管理的
12堂課

全新內容・經典珍藏版

12 lessons of
human resource
Management

李 誠 主編

編者序

　　自從人力資源管理第四版出版以來，我們有 7 年沒有再版。但這 7 年中，科技突飛猛進，社會風氣隨之改變，產業結構由傳統產業進入高科技與知識密集的產業，最近更發展到以環境保護為主的綠色經濟，及顛覆現在生產技術的人工智慧時代（Artificial Intelligence，AI）。綠色經濟所帶來的綠色人力資源管理，對原來的人力資源管理有很大的影響，AI 的發展更顛覆了人力資源管理原有的招募、安置、升等、訓練等功能，且影響力還不斷在發展，現在我們要重寫《人力資源管理的 12 堂課》（第五版），更新原來的資料，趕上科技的發展。

　　我們在第五版中，也更換了一些單元的作者、改變原來的章節及內容，因為有些教授退休了，有些轉到其他學校，我們決定由原有中央人資，以及離開中央人資所的人資領域頂尖教授，各就其專長，介紹人力資源管理的新面目。

　　在本書的第 1 章，筆者簡化了傳統的人力資源管理內容，新增綠色經濟與人力資源管理的影響及未來可能的發展；在第 2 章，房美玉教授重新述說招募、安置等該有的步驟，使其更接近於實用的觀點；在第 3 章，蔡維奇教授把原有的訓練與開發更新後更為詳細；在第 4 章，林文政教授由原本的薪資理論，改變成總體獎酬管理，以便更符合時代的需要。

第 5 章是由黃同圳教授撰寫的績效評估與管理，他更新了部分資料；第 6 章是劉念琪教授撰寫的認識策略人力資源管理，該文學術性比較重，陳述了策略性在人力資源管理的重要性，讀者要耐心多花一點時間閱讀；第 7 章是由加拿大大學剛畢業的王群孝教授，講述國際人力資源管理的做法，台灣企業愈來愈國際化、多國化，人力資源從業人員不能忽略這一領域，此重要性不斷在增加。

　　第 8 章是新加入作者陣容的葉穎蓉教授，他這篇很平易近人，述說了為什麼今天世界各角落都很重視職家平衡，這不單是女性員工的問題，雖然女性勞動力每日在增加，男性也要注意此問題，特別是 1987 年以後出生的男女，都有職家平衡的問題。在這章節裡面，葉教授沒有提到綠色職家問題，這是今日漸漸重要的議題，但筆者在第一章補充了這一點，這是今日企業該注意的問題。

　　新時代裡組織要不斷變更，我們看見台積電由流體組織改變了多少次，但是組織變更時會遇到助力與阻力，陳春希教授在第 9 章中敘述了組織變更的重要性，而且說明如何防止及解決這些阻力；此外，現代產業不但要注意職災，更要進一步注意員工的健康，以保持人力資本，陸洛教授在第 10 章說明現在一些產業不但不注重員工的職災，更不注意員工

的健康，陸教授在這裡說明員工身體健康、心靈健康的重要，目前有些雇主已注意到這一點，公司設有各種健身設備與遊戲，不是讓員工遊玩，而是員工身心健康，可以省下日後很多治療費用及人力損失。

本書很值得注意的是第 11 章及第 12 章，因為內容述及人力資本與人力資源管理的未來趨勢。鄭晉昌教授在第 11 章敘述新 代人力資源科技的發展與應用，他說明了科技的發展對人力資源管理有何影響，為什麼今日會發展到 AI 的時代，未來的人力資源管理從業人員應該如何準備；胡昌亞教授則在第 12 章說明大數據在人力資源管理的應用，指出人力資源管理的發展與影響。人力資源從業人員必須對這兩章要細讀幾次，知道未來發展方向，上層經理雖然不是人力資源專家，但也要懂得此一發展脈動，才能掌握住企業發展的方向。

最後，我們要衷心感謝第五版的 12 位作者，他們放棄了寫 SSCI 論文寶貴的時間來辛苦撰寫這些文章，他們對從事人力資源管理的同仁及後學的同學有非常大的貢獻。在此也謝謝責任編輯李文瑜、前助理張淑嘉，以及遠見天下文化事業群創辦人高希均教授，他不是專為了賺錢創辦此出版社，而是為了傳播新觀念與新知識而成立此機構。

目錄

目錄

目錄

第 1 課

產業結構與人力資源管理

近 10 年人工智慧飛速發展，對各行各業的效率、成長有極大幫助，不但影響各行各業的競爭力，也提升人力資源管理的功能與效率。本章將探討從傳統工業時代到 AI 時代，不同產業結構下，人力資源管理的效用及影響。

李誠

　　美國麻省大學經濟學博士，前國立中央大學李國鼎講座教授、副校長兼代理校長。曾任美國明尼蘇達州州立大學經濟學教授（1970～1992年）、中華經濟研究院副院長、國際工業關係常務理事、中央大學管理學院院長、人力資源管理研究所所長、遠見天下文化副社長、中華經濟研究院顧問、勞委會委員、台灣經濟發展研究中心主任、104人力銀行及信義房屋獨立董事。

　　主要研究領域為人力資源管理、勞動市場分析、勞資關係、知識經濟、綠色經濟與經濟發展。主要著作除英文學術期刊論文數十篇外，編有下列重要中、英文書籍：《人力資源管理的12堂課》、《The Labor Market and Economic Development of Taiwan》等。

一、引言

自 1980 年以來，主要國家的產業結構快速改變，因為自 1980 年以來科學發展突飛猛進，使多數國家的運輸與通訊業都有重大發展，讓經濟能全球化、國際化以及國際分工。

這些變化也使各主要國家的經濟結構產生很大的變化，隨著經濟結構改變，便是科技發達之後的人口死亡率大減，世界人口增加，消費量也隨之增加；經濟快速發展、消費量增加，也讓氣候暖化、地球汙染不斷增加，於是有些先進國家帶頭反對環境破壞、反對汙染，並提倡環保以減少地球暖化，重視廢棄物再生。

這樣的環保綠色經濟不但關係股東、員工、顧客、社區的福利，拯救地球更能使企業永續發展。

最近 10 年人工智慧（Artificial Intelligence，AI）飛速發展，對各行各業的效率、成長都有極大幫助，不但替代例行重複性的工作，還能從事某種程度人類創意的工作，甚至還超過人類的智慧，由 AlphaGO 打敗世界圍棋棋王的 3 戰 3 勝，可以看出 AI 的發展潛力不但影響了各行各業的競爭力，也提升人力資源管理的功能與效率。

本章將就傳統工業時代人力資源管理的影響為何？高科技、知識經濟對基本人力資源管理的影響為何？綠色經濟如何提升人力資源管理的功能？近 10 年 AI 發展，如何顛覆過去若干基本人力資源管理的功能，使人力資源管理的功能全面提升，也影響了未來員工工作內容與技術，以及人力資源

管理人員應有的準備與未來功能作說明。

二、傳統工業時代的人力資源管理

傳統工業時代的人力資源管理特色是生產標準化、管理標準化、薪資標準化。工業化時代，企業家以量產的方法來減低生產成本，致力於用低成本來提升產品的競爭力，因此這時代的企業家強調產品標準化，因為唯有標準化的產品才能量產。要量產，企業家必須追求生產程序的標準化、員工生產技術標準化、員工作息標準化，員工薪資也要標準化。

在舊汽車工廠、紡織廠、鋼鐵廠，可以看到數百乃至數千員工在同一生產線上，從事相同的動作，生產相同的產品或配件，他們必須同時上班，同時休息，否則生產線都會停頓。

既然是同樣的技術，員工們自然領同樣的薪資，這就是所謂的「同工同酬」。換言之，在工業化時代，一切生產與作業都要求標準化。在此種情況下，人力資源管理並不重要，雇主對員工的工作有絕對的支配權，員工對雇主分配工作不得有任何異議，但雇主必須保證員工就業穩定、就業安全，以及同工同酬、平等待遇，與員工分享經濟成長的成果。

如何保障員工上述權利？在有工會的工作場所，員工透過團體協商與雇主議定工資、工時、工作條件、工作環境、雇用、升等、資遣、退休等員工福利。在沒有工會的工作場所，由政府透過勞工立法，保障員工就業穩定、就業安全，

以及同工同酬、無歧視的工作環境，乃至經濟成長成果分配的權利，如最低工資法的勞動基準法，公平就業法的訂定。

我們可以得知，工業化時代人力資源管理的特點是一切講求標準化，要做到標準化，勞雇雙方重視外部承諾，而非內部承諾。外部承諾是指工作、執行工作所需要的行為、績效與目標的重要性，都是由他人界定。相反的，內部承諾是達成工作目標需要的行為、目標的重要性由個人來界定；成效則是由相關者共同界定。

因此在工業化時代，沒有人力資源管理部門，只有勞資關係部門和人事部門，責任是把雇主與雇員間的關係、權利義務典章化（透過團體協約、勞工法令或員工手冊），然後雙方遵守這些外部承諾，非標準化的管理被視為是沒有規章、沒有制度，是不良的管理。

三、知識經濟時代的人力資源管理

當我們從傳統的經濟結構轉入高科技與知識密集的時代，人民才了解人力資本遠比勞力密集時代的人力重要，人力可以經由訓練、教育與經驗的累積，增加生產力，而設備會折損，因而價值下降，於是人力資源管理的科學興起，企業家才開始重視人力的充分運用與人力資本的建立。現在讓我們敘述高科技及知識經濟時代的人力資源管理。

在 1980 年之前，根本沒有人力資源管理的問題，只有人事管理，因為在此之前雇主只把人力當作是生產要素之一，

人員不管是聰明或遲鈍，只要能依照手冊或操作規範，操作機器便可。假如要辭退人員，只要按年資便可，如存貨一樣，後進先出，員工福利也是按年資而定。管理人力只要把員工的年資管好便可，重要的是要堅守同工同酬的原則，其他生產技術、產品一概標準化，只要量產增加便可，量產與價格是企業競爭力的來源。

但到了資本密集與技術密集的時代，屠羊發現人力不足一成不變的生產要素，員工經過教育訓練、觀摩、經驗累積，生產力會增加，是增值的，而設備則會折舊，其價值愈用愈減少。在資本密集、技術密集的時代，知識工作者對知識的使用有 3 種不同變化：

1. 從重複使用到一次使用

工業及製造業盛行的時代，員工從工作手冊、操作手冊取得操作機器與設備的知識，這些知識可以反覆使用，直到晉升為管理人員或退休為止。但是在知識經濟時代，知識的使用是一次性的，比如電腦遊戲的設計者，不能把同一套遊戲賣給另外一間公司，一個作者不能把同一套著作賣給另外一間出版社。

2. 從間接使用到直接使用

在工業時代或製造業時代，工作手冊或工作規範是由工程師或企業特別聘請的工程師所撰寫，員工只是依規則操作，所使用的知識不是員工本身的知識，只是運用別人如工

程師的知識，所以員工所利用的知識是間接的，不是員工直接的。知識經濟時代的員工，要把自己的知識直接運用到生產程序，主管不會知道員工是怎樣工作的。

3. 從被動到主動使用知識

傳統工業與製造業除了發生意外時，員工不會使用他們的知識。事實上，主管要員工不自作主張，依據操作手冊或操作規範來操作機器即可，違反者要受處罰。但是在知識經濟時代，員工要主動使用自己的知識，不是依靠別人的知識，解決工作上的問題。

（一）誰是知識工作者？

到底哪些人才算是知識工作者？很多人誤以為凡是不用體力的勞動者，都是知識工作者，倘若如此，所有白領職員都是知識工作者，其實不然，比如某基層的銷售員，他的工作就是為顧客寫訂單或顧客基本資料，這些都是例行事務，不用知識判斷，因此不是知識工作者。但是公司的行銷經理，他要利用市場資料及其他資料消化後重組，加上自己的判斷擬定出公司的行銷政策，解決公司行銷問題，就屬於知識工作者。換言之，要用腦袋思考、應用的人才，才是知識工作者。

（二）知識工作者的人力資源管理方法

知識工作者是一群獨立自主、工作程序無從標準化的工

作人口，人力資源管理者與經理都無法知道他們完成工作的程序，且每次工作都依循不同程序，管理人員根本不知道他是以何方法、依何程序完成工作。

所以知識工作者是以球員兼教練的方式完成工作，以足球隊長為例，他是足球場上的隊長，隨時因球場上的變化，指揮隊友如何打球，贏得這場比賽。大學系主任、院長、校長是知識工作者主管，但他們不能指揮教授如何上課，這些主管也教一門課、做研究，他們是知識工作者，也是主管。主管的責任不在傳授員工知識與技巧，而是協助員工開拓視野、思維，由員工使用本身的知識與技巧來完成工作。

知識工作者雖然需要獨立自主的工作環境，但也需要與其他相關人士來往，建構知識交流平台，不是為了社交，而是與不同領域但工作相關的人士，共同分享與交換知識。比如汽車公司設計部門的工程師需要與行銷部門的經理來往，以便了解顧客的最新需求；與大學材料系所的教授來往，以便知道哪些材料可以解決設計上的問題。這些知識的交換，可以與職業有直接的關係，或看似無直接的關係。

因此，知識工作者必須對領導的領域有廣泛的知識，同時要廣結善緣，擁有良好的人際關係，知道誰在哪些領域擅長哪方面的專業，然後把這些相關人士組成知識分享小組，定期或不定期的聚會，也可以透過網路的平台討論與分享知識。

在今日全球化的時代，此種小組的成員可以是跨國企業、跨地區或跨國家，以分享企業內部的知識，解決內部的

問題。而知識工作的主管更要建立一個有利創新的文化，允許犯錯的文化，否則知識工作者不敢冒險去創新。知識工作者的主管也要具有「5F」的企業文化，即快速（Fast）、彈性（Flexible）、聚焦（Focused）、友善（Friendly）以及有趣（Fun），這種文化才能激發知識工作者的創新意願。

此外，知識工作者既然不喜歡行政工作，只喜歡創新的工作，為免過多的行政干擾及例行工作，主管與人力資源部門要盡量多用助理，分擔他們的行政工作。

而招募不是知識工作者的一般工作，他要招募最好的人才，這是知識工作者最重要的工作。一般傳統的工作，主管只要聘得有工作能力的員工便可，若不具備所有的工作能力，主管可以加以訓練，如果請錯人，在試用期滿時便可解聘，因此招募錯誤的成本很低。知識工作者則不然，聘任一位知識工作者以後，主管便失去對他的控制權，需要很長的時間才能看出他的表現與成績。

正如大學聘請一位教授以後，要經過 3、4 年才看到他們的教學與研究能力，因此美國的大學要經過 6 年才考慮是否給予終身聘用。其他的知識工作機構也是一樣，台積電聘請一位經理級以上的員工，不是試用期間便可以決定是否繼續聘用，要 2、3 年才知道他的能力。

四、綠色工作興起與綠色人力資源管理

近十多年來，因為地球暖化，氣候變遷，空氣與水資源

的汙染，埋藏在地下若干資源被人類耗盡，人們環保意識抬頭，世界很多領袖急起推動綠色經濟，以拯救人類生存的地球。隨著綠色經濟興起，便是綠色工作者的增加。所謂綠色工作者或綠領工作者，是指環境保護企業所任用的人員，包括執行環境保護各種政策、設計、省電、省油、減少廢棄垃圾的員工。

聯合國列出綠色能源、綠色建築、綠色交通與綠色農業四大行業，為最大、最先進的綠化行業，使用綠領工人最多的行業。其實綠化不限於此四大行業，其他製造業、服務業、金融業、旅遊業也是可以綠化的行業，隨著愈來愈多企業變成綠化行業，綠色工作者愈來愈多，因此有了綠色人力資源管理的問題（Green HRM）。

所謂綠色人力資源管理，離不開原有人力資源管理基本的原則，只是增加提升企業單位的人力資本、人力資源的有效運用，提升企業對社會的責任，加上環保的措施，包括綠色招募、綠色訓練、綠色工作、綠色報酬、綠色職家平衡等項目。以下敘述綠色經濟推行，對人力資源管理的影響。

1. 什麼是綠色工作？

國際上沒有一個共識，各國都是以自己的國情、資源的特色下定義，但大致上，凡是節能減碳、減低室內氣溫、保護環境等，都是綠色工作。但聯合國的定義太狹窄，應該廣泛的定義包括所有工業、製造業、服務業都可以變成綠色企業，只是能源、交通、建築、農業等產業，創造最多的綠色

工作。

　　有人問一位掃地清潔工，但是在太陽能工廠工作，算不算綠色工作者？有學者認為不是，但大多數學者認為是的，因為他對節省汽油的能源有貢獻。正因為全球對綠色工作沒有統一的定義，所以想應用準確的統計數字來估計一國有多少綠色工作，實有困難。

2. 綠色招募

　　如上所述，不管是傳統產業或是知識密集產業，最重要的便是新人招募。在知識經濟時代，招錯人的成本很貴，所以知識經濟時代很重視招募工作，公司必須廣泛散布職缺消息，擴大取得職缺消息的管道，減低面試應徵人員的成本。綠色招募便是盡量利用最新的媒體，招募到眾多的應徵者，從中選擇最優良的人才，然後選 2、3 個最後的候選人，用通訊媒體面試的方式，不用開車或搭飛機，省去機票、旅館及旅行的費用，更重要的是可以節省旅行所產生的二氧化碳及面試時間。

　　如此既省下應徵者與面試官的時間，也減低二氧化碳排放，達到保護環境，又可徵得優秀的人才，好處眾多，今日不但綠色企業用此方法，其他傳統產業也用此方法，這是全球的趨勢。

3. 綠色報酬

　　沒有人願意從事無酬的工作，除了特殊的義工。有一主

管說他可以教一隻公雞彈一首貝多芬的名曲，只要公雞每次及時啄正確的鍵，便給牠一點食物，不久這隻公雞便會彈出一首美麗的音樂。雖然那隻公雞不知道這首歌是什麼意義，只是為了有食物，這也說明了報酬的重要性。

有些企業為了鼓勵 CEO 和經理人物重視環保議題而發放獎金，但對此正反意見都有，到底該不該發環保獎金？該發多少？在此短暫的篇幅無法詳述，等以後綠色人力資源管理再詳述。

4. 綠色獎金的種類
（一）金錢的獎勵

綠色福利可分為 4 種：與職位有關、與交通有關、與住宅有關、與個人有關，比如獎勵員工及主管上班不開汽車而以腳踏車代步，只要每週有 3 日騎腳踏車上班，公司便贈送一張大眾運輸券（如捷運日票、火車票或其他大眾運輸券），當然每張券的價值都有上限；有些企業是給予點數，集滿若干點數便可以抽籤，中獎者可得到幾天免費假期，機票與旅館等費用全由企業支付。也有企業把員工節省的用電與用水的費用，分一半給員工所屬的單位，一半由企業留用，所有的現金獎勵到目前為止都與交通有關。

有些企業獎勵主管與員工在家中從事綠色行為，使他們執行企業的綠色政策時更為有效，有些企業在主管及員工購買省油汽車時，給予一些金錢的補助，例如某企業給購買油電雙用汽車的員工每年 3,000 美元，直到員工不再擁有該車為

止。有些企業對員工購買省電的冷氣機、暖氣機、省水龍頭、省電燈泡等，給予金錢的津貼。

還有一種屬於綠色交通，方法是補貼部分汽車保險，抑或假如員工使用省油汽車，補貼汽車的維修費，或有 24 小時的警衛護送主管或員工到停車場，保護他們的安全，有些企業給予特別保留的停車位。

對員工來說，彈性工時是最有用的非金錢獎勵，因為在現代社會需要夫婦兩人都工作才有能力維持家用，所以家中要一人早上班早下班、一人晚上班晚下班，早上班者可以送小孩上課，接小孩下課。當然，這彈性對雇主而言也有若干金錢的成本。有些公司把彈性上班的權利給綠色政策執行有成效的員工或主管，有些公司更把員工在家工作的機會留給綠色行為優良的員工，讓綠色政策執行有成效的員工，可以留在家中工作若干日，不需要到公司上班。

（二）非金錢的獎勵

除了金錢的獎勵以外，有些企業給予非金錢的獎勵，如某些企業與健康食品或健康體育用品企業有約，凡是員工購買這些特約商店的健康食品或健康用具，都有特別折扣，減輕他們購買綠色用品的負擔。FedEx 快遞公司的員工，凡工作 5 年可以申請休假 3 個月，但在休假期間必須從事綠色工作，如擔任志工及與公司有益的活動等，或是與綠色環保有關的活動。

有些公司採取共乘制度來獎勵主管與員工不自己開車，

而是與其他員工共乘一輛汽車，以減低二氧化碳的排放。美國加州舊金山外圍的城市，設有專門共乘的車站，汽車可以乘載要到舊金山市區上班的人員，產生的費用則共同分擔。歐洲某些公司給員工生日禮券，員工可以憑禮券在當地的環保商店或養生商店換取禮物。有些公司在銷售人員大力推銷企業製造的綠色產品時，給予額外的傭金以示獎勵。

5. 反對給予綠色報酬的意見

但不是所有的人都贊成主管或員工的薪資與綠色及環保績效有關，Francoeur 等人反對綠色報酬（Francoeur 2015），他們調查了 520 間大公司，發現不給綠色獎勵的公司，其CEO 比給綠色獎金的 CEO 薪資還要高。他們的解釋是那些CEO 本來就注意公司的業績（包括環保），不是專為獎金而來，而 Cai 等研究亦有同樣的發現（Cai et al. 2011）。

美國雪佛龍公司（Chevron）董事會曾否定給予 CEO 綠色薪資與獎金，董事會認為，環保、社福與財務的因素已納入 CEO 的薪資考量，不應再單獨考量。桑普拉（Sempra）能源公司的董事會也反對綠色行為與政策相連，董事會認為CEO 自然會為公司的長遠發展考慮。換言之，有很多企業主或董事會反對給予 CEO 綠色獎金。

Cooper 等人在 2009 年一項研究中指出，CEO 的獎金與公司未來 5 年的股價有反作用，獎金愈多，股價愈低（Cooper et. al 2009），過高的獎金與福利會使 CEO 腐化，使他們用不正當或不道德的手段去賺取更高報酬，讓高薪資與高福利在

業主或董事會前合理化。有學者認為 CEO 不需要綠色獎金，因為他們會為環保而來，有些人認為拿不到獎金的人，會與領獎金的人或單位不合而產生糾紛。不管正反意見如何，大致都同意給予的綠色獎金不宜太多，在 20% ～ 30% 之間屬合適範圍。

6. 綠色訓練

傳統工業時代，員工技術有若干不足，則以訓練來補足，或者藉由訓練提升員工升等時需要更高一層的技術。在知識經濟時代，雇主要不斷訓練員工，增加他們的知識與技術，否則知識與技術水準會落伍，不再適任工作。但是到綠色經濟的時代，雇主要訓練員工，學校也要有綠色課程，使新進的員工對地球、環保、股東、員工、顧客、社會，都有基本的認知與責任。

綠色經濟，例如現在蔡政府大力推動的便是要訓練新的員工懂得太陽能、風力發電等等新的技能。大致來說，可以把人力資源管理因綠色經濟的影響分為 4 類：

- 使用知識的綠色行業，如太陽能、風能，綠色建築或綠色交通，如無人駕駛汽車、公車、飛機等，又如政府的環保規範、自然資源有效利用的知識行業、環保意識的甦醒等；
- 環保友善工具與機械，及綠色環保的技術；
- 對永續發展材料的理解與生產，如綠色水泥的理解與使用，各種環保材料的發明和使用；

- 生產環境友善的產品與服務，如旅遊業創新的綠色禮物、綠色紀念品、綠色旅館、綠色遊樂場等。

由以上看來，綠色經濟的人力資源管理與傳統經濟、知識經濟時的員工訓練，在名稱的變化不多，但是在工作內容上有很大的調整與不同，環保變成這種新工作的內容，綠色技術的訓練是人力資源部門從業人員必須具備的知識，他們可以不需要各種技術的專業知識、深度知識，但必須知道企業需要的知識種類，以及如何從社會取得此方面的專才，給予企業員工訓練。

7. 綠色的職家平衡

在傳統經濟與高科技知識經濟制度裡，對職場及家庭工作的平衡非常注意，特別是現在女性參與職場的比例增加，如果職場與家庭生活不平衡，員工會產生壓力或焦慮，擔心工作尚未完成怎麼辦，使員工生產力下降，或是變成憂鬱症，甚至自殺等問題。但是在綠色經濟裡面，人資所擔憂的是另一種職場與家庭生活的平衡。

綠色職家的平衡不一樣，綠色職家平衡是說企業要推行一種環保政策時，要確實知道員工在家庭中也推行此種政策，或員工家庭中先推行此種政策，然後企業才跟進，會使企業推行政策更順利、更有效。比如在企業工作場所要推行隨手關燈、省水或垃圾分類政策，若企業能鼓勵或資助員工在家庭中也推行此種政策，則企業的環保政策會更有效，更順利。

綠色經濟的綠色人力資源管理還有很多種影響，但是由於篇幅的關係，無法一一詳述，將另行文章敘述。

五、AI 對人力資源管理的影響

　　人工智慧在 1950 年代美國與英國都有學者進行研究，但多半是理論性的研究。在實務方面的研究成功，是最近十多年的事，AI 在國防、醫療、教育方面的論文不少，如中技社去年便召開了二次與 AI 有關的會議，討論 AI 對醫學、國防、教育、老人生活、運動等方面的影響[1]。有關 AI 對人力資源管理方面的應用報導不多，但 AI 對這方面的影響卻非常大，簡直把人力資源管理的舊功能整個顛覆過來了。

　　AI 使用大數據及數學的理論，使人力資源管理的功能提高了不只十幾倍，使用 AI 的方案，讓人力資源管理又省錢，又更有效率，是 21 世紀對人力資源管理的一大貢獻。

　　AI 不但使人力資源管理的效用提升，也去除了各種人資方面的主觀與錯誤。以招募功能來說，AI 不但增加招募的有效性，去除招募時人資從業人員的主觀性，還可以擴大招募的範圍，得到更優秀的人才。

　　企業可以經由媒體與各種數位通訊，降低應徵者搭飛機或汽車等交通工具所產生的二氧化碳，節省主考官、應徵者的旅行費用，既省錢、省時、省碳環保，又可以透過大數據的蒐集，知道應徵者的學歷、曾受過的各種訓練和訓練成果，以及申請過的公司、為何要離開現職、為人作風、在工

作上的努力程度等等，人資從業人員與口試主管可以做更客觀、更精確的分析與更準確的判斷，現在中國大陸企業如京東、百度等，也開始引用 AI 軟體來替代人資部門。

　　AI 軟體也能幫助人資部門及上級經理人員，判定員工的勤奮程度與哪些員工該進退。大陸山西省有一公司引用 Walson 所設計的辦公軟體，調查員工的資料與他過去表現，分析其經驗與能力，決定該員工應升等或辭退，美國的甲骨文公司調查某公司員工對雇主的信賴度，他們與美國 Workforce 合作調查 10 個國家 370 名員工、經理及人資部門的人士，結果有 50% 受調查者表示，AI 調查的結果比雇主的評估更為客觀，值得信任。

　　AI 軟體可以幫助新進與現有的員工接受各種個別訓練，補助他們的缺點，AI 亦能了解員工的離職傾向，而後需要補徵的新員工。換言之，AI 能協助人資與經理解決目前各國缺工的狀態，可用的方法有下列 3 項：

- 利用 AI 聘請掌握新技術的員工；
- 利用 AI 給予各種現有工人個別或小團體的訓練，個人可以自己決定進度、適合自己學習的結果，來補足缺點，追求更新的技術與知識；
- 利用 AI 各種軟體對相關員工做完全的自動化，這些不一定是重複性的工作，可以部分是人類智慧的工作。

　　由以上的述說，可以知道 AI 對人力資源管理重大的貢獻，未來員工必須要有創新能力、領導能力、服務導向的意

識;未來人資部門的從業人員要有選對人的能力、建立團隊的能力、熟悉各種戰略的能力、知道市場要求的能力,以及建立績效的能力。

正如國際知名學者預測,將很快被 AI 取代的工作是電話行銷員、客戶服務員與客戶支援、物流人員與倉庫人員、出納與營運人員、電話接線人員、收銀員、速食店員、洗碗員工、生產線員工、快遞員,因為這些工作重複性高,容易被 AI 所代替。相反的,心理師、職業治療師(包括物理治療與按摩師)、醫師、護理師、研究人員、工程師、小說家、刑事辯護律師、電腦科學家及真正有領導能力的主管,因為這些都需要人與人接觸,每個人不一樣,無法被代替[2](李開復,2019)。當然,AI 還會發掘很多新興的工作[i]。

參考文獻

1. 中技社,2018,AI 對科技、經濟、社會、政治暨產業之挑戰與影響。
2. 李開復,2019,《AI 新世界》,天下文化,台灣。
3. I.; Ehnert Harry W.; Zink K.J.,2014,Sustainability and Human Resource Management.
4. CSR, Sustainability, Ethics & Governance. Springer, Berlin Heidelberg.

---

[i] 讀者要知道更詳細有關 AI 對人力資源的影響,請閱讀本書鄭晉昌與胡昌亞的章節介紹。

第 2 課

招募與甄選

招募與甄選對於企業成功非常重要，其方法和模式眾多，而現實環境永遠都比理論複雜和多變，因此人力資源管理活動的從事者，要時時增加本身的專業知識與能力、常注意時事與國際情勢變化，以增加對於勞動力市場的適應力。

- 人力資源策略鑽石（HR Strategy Diamond）
- 找到最佳員工的策略及決策
- 效用分析

▼

房美玉

美國康乃爾大學人力資源管理博士，國立中央大學人力資源管理研究所教授兼管理學院副院長，研究領域包括人力資源管理、工作動機、激勵制度、國際人力資源管理、招募與甄選，曾獲 Academy of Management 頒發第一屆國際人力資源管理學術研究獎。

論文曾發表於 Annual Review of Organizational Psychology and Organizational Behavior, Handbook of Competence and Motivation（2nd edition）, Human Resource Management Review, International Journal of Human Resource Management。

　　伊梅特（Jeffrey Immelt）在 2001 年接替威爾許（Jack Welch）擔任奇異董事長暨執行長後，強調培養公司內各階層的領導者，他不僅延續威爾許強調的執行力，也領導組織不斷創新。伊梅特自述至少花 40% 時間在管理人的議題上，每年一定全程參與所有員工的績效評量大會，他主導的領導系統提升 GE 組織績效，這個領導系統有 6 個要素，分別是：企業價值、企業雇用政策、企業人力資源評量流程、企業接班人計畫、企業領導發展，與全心投入的領導結構。

　　其中，「企業雇用政策」以及「企業接班人計畫」這兩項屬於招募甄選（Staffing）的範疇，可見招募甄選對於企業成功非常重要。

一、人力資源策略鑽石 (HR Strategy Diamond)

　　人力資源管理策略可依照圖表 2-1 內的鑽石圖形，區分為位居橫軸的角色（role）與獎勵（rewards），以及位居縱軸的策略（strategy）與人員（people）。就像一顆完美的鑽石必須有平衡對稱的切割面，因此位於對角位置的兩端，必須能互相平衡與協調。

　　位於鑽石左方的角色，代表員工在組織內擔任的職位或工作，鑽石右方的獎勵策略必須要能對應職務角色的工作表現，例如有激勵效果的獎酬制度。鑽石底尖代表與組成員工相關的策略，鑽石桌面代表企業策略，企業策略的設計與執行，會影響員工也會受到組成員工的影響。

圖表 2-1 人力資源策略鑽石圖

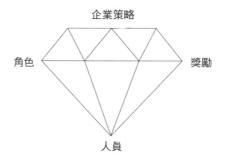

企業策略

角色 獎勵

人員

　　史奈德（Schneider）在 1987 年所提出的「吸引、篩選、耗損」（Attraction-Selection Attrition，簡稱 ASA）理論，很適合用來解釋鑽石圖內的縱軸關係。史奈德認為應徵者受到公司特色吸引前來應徵工作，公司再根據自訂的標準，選擇適合的應徵者成為正式員工。

　　成為正式員工後，日後也可能因為種種原因，例如被挖角或者不適任而離職，ASA 理論清楚說明人員在組織內移動的過程，同時也點出招募和甄選不應只關注在組織選員工的條件，其實員工也會根據組織特色，選擇想要應徵的公司。例如競爭心強的員工，會選擇到強調績效獎金的公司應徵工作，不喜歡競爭的員工，可能就不會去應徵。

　　許多關於個人與組織適配性（person-organization fit；P-Ofit）的研究發現，組織目標、價值觀、文化和個人價值觀的契合度，會影響應徵者接受工作的意願，甚至也會影響日後的工作滿意度與工作績效。

國內許多企業很重視員工和組織間的契合程度，例如聯強國際透過性向測驗，尋找與組織氣味相投的員工，台達電強調價值觀吻合度；應用材料與聯電則重視新進員工的工作價值觀是否符合企業文化。

假設員工會在公司內工作一段時間後才離職，並且會在進入公司後漸漸升遷到在組織內的最後一個職務，這時通常都是位階最高，也是最能發揮影響力的工作。試想如果當初僅以符合第一份工作的能力或經驗決定雇用與否，卻完全沒有考慮該員工在公司的未來發展潛力與可能貢獻，那將是招募人才所犯的很大的錯誤。深深明白這個道理的美國西南航空與四季飯店，都以員工的態度，而非應徵當時擁有的技能或經驗，作為雇用標準。

二、找到最佳員工的策略及決策

1. 內部與外部招募甄選

若依應徵者來源為公司內或公司外的標準來看，可將招募與甄選活動分為內部招募（internal recruitment）、內部甄選（internal selection）、外部招募（external recruitment）與外部甄選（external selection）共 4 種類型，意即當應徵者從公司外部來的話，即為外部招募與甄選。

大部分人力資源管理教科書比較強調探討外部招募與甄選的方法，卻較少探討內部招募甄選。之所以如此是因為公司已經有關於來自公司內部應徵者的資訊，不需要特別從外

圖表 2-2　應徵者來源與招募甄選活動類型比較

活動類型　　應徵者來源	招募	甄選
組織內部	公司網路 布告欄 人才庫資料 接班人計畫 生涯規劃	主管推薦 人才庫資料 工作績效 接班人計畫 生涯規劃
組織外部	報紙 人力銀行 獵人頭／仲介公司 員工介紹 校園招募	履歷／傳記式資料 結構式面談 專業知識 能力測驗 人格測驗

部蒐集資料，例如可以查詢工作紀錄或詢問直屬主管等。當應徵者來自公司外部時，就會需要依賴一些測量工具蒐集相關資訊。

　　內部招募甄選通常會連動到公司內的升遷管道，當雇用一位來自內部的員工時，同時也會產生一個新的空缺，因此內外的招募甄選活動執行時通常要互相協調，才不會產生職位的空窗期，內外招募甄選的比較詳列於圖表 2-2。

2. 招募

　　招募活動（Recruitment）有 3 個目的，分別是增加應徵人數、找到合適的應徵者、及提高應徵者接受工作的機率。在進行招募活動前要先做 3 個決策，分別是內部或外部招募

的選擇、薪資水準的設定、要自行或者與其他公司聯合招募（如就業博覽會等）。

例如中華汽車認為工程師與管理師這兩項工作，有可能晉升為公司管理階級，因此打破過去由個別部門獨立招募人才的方式，而改採由各相關部門的代表舉行聯合甄試，最大的功能在於為工作輪調制度做鋪路準備。

也有許多公司將招募與甄選的工作外包給專門負責的人力公司處理，可減少培養專業人員需要付出的成本與訓練費用。這些不同做法主要從各個方案的成本與效果兩個角度來考量，例如較小或較不具名氣的公司，可選擇參加聯合招募活動，藉其他有名氣公司的參加吸引較多的應徵者。

（一）招募前的準備與管道

招募前要準備求職公告（job requisition），內容應包含工作職務的內容，以及所需的人才條件、經歷與教育程度等。這部分資料可由用人單位提供，若是新職務或沒有可參考的資料時，則建議進行工作分析（job analysis），以獲得各項任務的定義與規範（稱為工作說明書），以及能成功完成各項任務需要的基本知識（knowledge）、技能（skills）、能力（ability）及其他特質（others），簡稱為 KSAOs（亦稱為工作規範）。求職公告寫的愈詳細，能減少不符合條件的應徵者，減少浪費資源在拒絕不適任者身上。

招募的管道及活動相當多元，例如在媒體刊登求職廣告、舉辦校園招募活動、參加就業博覽會、辦理軍中徵才活

動、到職業訓練局或學校輔導室宣傳職缺、聯繫學校校友會、諮詢職業介紹所或人力銀行，或雇用獵人頭公司等，如果是決定進行內部招募，可查詢公司內的人力資料庫以及接班人計畫，來尋求應徵者。

研究發現，經由員工介紹進入公司的應徵者，離職率較其他管道應徵者低，工作表現也較其他管道進入的員工好，可能是因為應徵者已經被介紹的員工篩選過，不會隨意介紹不適合的人至同一家公司上班；被介紹者也會因為受到熟人的幫忙，在碰到職場問題時較不會馬上離職。

統一企業以及許多高科技產業，皆採用介紹人的制度，有些公司還提供獎金鼓勵員工介紹。甲骨文台灣分公司有很多員工來自於介紹制度；雅虎奇摩以員工內部推薦的方式募集中高階經理人才，當員工成功推薦一位人選時，可獲得高額獎金；台灣英特爾的留言板上，也曾公告若成功介紹一人，可獲得8萬元獎金。

藉由舉辦競賽活動順便替公司打知名度，也是常見的招募活動，例如趨勢科技舉辦百萬城市競賽活動，不但提供優勝者豐富的獎學金，還頒發「預聘書」，期望這些優秀的人才能為趨勢貢獻所學。學生參與這類大專校園舉辦的創意大賽，除了可以定期接收與公司相關的資訊外，也有機會進入公司做短期實習，有助於畢業後取得正式職位，因此這類活動受到學生熱烈的歡迎。

台灣萊雅公司舉辦行銷競賽，指派公司內部主管擔任參賽者的教練，近距離觀察參賽者的表現，藉著比賽過程留意

各部門需要的人力，以建立人才資料庫，等於直接在競賽中找尋優秀的人才。由於同類型公司想要招募的對象往往互相重疊，因此許多公司採取建教合作或企業實習的方式，以期能在畢業前先與學生建立關係。

（二）招募者的角色

許多公司將招募工作指派給剛進入公司的新員工擔任，認為招募只是聯絡應徵者以及安排面談等行政工作而已，殊不知許多研究發現招募者會影響招募活動的成效。一個理想的招募者代表公司的形象，本身應具備良好的人際溝通技巧、具備對公司以及產業的知識、熟悉職業生涯規劃等議題，還要擁有數據分析的能力，更重要的是本身的熱誠與態度。

因此招募者應該接受訓練，訓練項目包含面談技巧、工作分析方法、相關法規與法律常識、工作和公司的特質、及招募目標。人力資源專業人員可能很清楚公司的整體狀況及生涯發展的規劃，但卻缺乏對於特定工作的專業知識；而直線經理很清楚工作細節，卻不是很了解職涯問題或甄選測驗結果的解讀，如果兩者能一同執行招募甄選活動，可以互相補足優缺點。

尤其在介紹公司或者職務時，不要過度吹嘘而掩蓋缺點，因為若與事實相差過多，反而造成反感，就算一時接受工作，也會因為看清事實而離職。適度透露實情給應徵者是最好的做法，這個方法稱為「工作實境預覽」(realistic job preview），例如可以誠實告訴應徵者實際工作的壓力，或者可能需要加班等狀況，事先告知就像打預防針，可增加員工的免疫力。

3. 辨別應徵者間的差異：信度與效度

每當在課堂上詢問學生何謂信度和效度時，最常聽到的回答是：「信度是可信的程度，效度是有效的程度。」當繼續追問什麼是可信和有效的時候，回答者又直覺反應出下一組答案：「可信就是可被信任，有效就是好用的意思。」這些直覺式的回答並不正確，雖然大部分學生都知道當信度及效度愈接近 1 時，代表信度及效度愈高，然而卻不了解信度和效度所代表的衡量概念。

（一）信度

信度和效度是任何衡量工具都應具備的科學特質（Scientific properties）。有信度的量表不一定有效度，要檢驗效度前卻一定要先檢驗信度是否存在，意即信度是效度的必要非充分條件。信度代表資料的穩定性與一致性，有 3 種常見估算的方法：

- 再測信度（Test-retest Reliability）：例如今天考試的測驗分數，與 3 週後再考一次相同測驗的分數很接近時，即可判定該測驗具有再測信度。個人記憶能力、學習經驗與測驗相隔的時間長短，都可能影響再測信度的準確性。

- 內部一致性信度（Internal Consistency Reliability）[i]：可測量問卷內的題項是否檢驗同一概念。

- 評量者間信度（Inter-rater Reliability）：代表不同裁判對同一應徵者的看法一致程度。當裁判看法分歧時，代表評量者間信度低，尤其當裁判人數愈多，要達成有一致看法的情形愈不容易。

任何測驗的衡量都有誤差存在，當衡量到的結果愈接近真實的結果，代表衡量的誤差愈小。茲將信度與觀察分數、真實分數間的關聯性，用下列公式描述：

甄選測驗的真實分數＝平均分數＋（**觀察分數**－平均分數）× 信度

當信度＝ 1 時，

甄選測驗的真實分數＝平均分數＋（**觀察分數**－平均分數）×1

＝平均分數＋**觀察分數**－平均分數

＝**觀察分數**

信度的數值通常介於 0 到 1 之間，當信度為 1 時（完美的信度），甄選測驗的真實分數就等於觀察分數。但是一味追求最高信度是不切實際的目標，因為會大幅提高測驗的發展成本。

以下用兩個案例說明信度高低的意義（圖表 2-3），其中的衡量標準差（Standard Error of Measurement，SEM）可用來估算 95% 信賴區間（95% Confidence Interval）[ii]。案例一和二除信度不同外，其他數值都一樣。

圖表 2-3　信度高低的差別

案例一	案例二
某甲測驗分數＝ 90 分 測驗標準差＝ 10 分 測驗平均數＝ 100 分 **測驗信度＝ 0.43** 真實分數＝ 100 ＋（90 － 100） 　　　　　×0.43 ＝ 95.7 分 SEM ＝ 10×（0.755）＝ 7.55 95% CI：95.7 ± 1.90×7.55 80.9 分＜觀察分數＜ 110.5 分	某乙測驗分數＝ 90 分 測驗標準差＝ 10 分 測驗平均數＝ 100 分 **測驗信度＝ 0.84** 真實分數＝ 100 ＋（90 － 100） 　　　　　×0.84 ＝ 91.6 分 SEM ＝ 10×（0.4）＝ 4 95% CI：91.6 ± 1.96×4 83.8 分＜觀察分數＜ 99.4 分

　　案例二某乙測驗得 90 分，其所得的 95% 分數信賴區間為 83.8 ～ 99.4 分之間，換言之，某乙雖然這次測驗得分 90 分，實際分數可能會坐落在 83.8 到 99.4 之間（區間為 15.6 分）。案例一的某甲分數同為 90 分，其 95% 分數信賴區間為 80.9 ～ 110.5 分之間（區間為 29.6 分）。換句話說案例二的測驗工具比案例一更精確，因為包含真實分數的區間較窄，主要原因是案例二的信度 0.84 遠高於案例一的信度 0.43，可見信度對於量表準確度的影響。

　　另外一個常見的謬思是認為絕對高分比絕對低分好，真是如此嗎？以這兩個案例為例，94 分真的比 90 分高嗎？其實在案例一和二中，90 分和 94 分都在同樣的信賴區間內，因此相差 4 分不代表真正有差異。

---

i Cronbach Alpha 公式可以用來計算此信度。

ii Standard error of measurement ＝（SDx）* SQRT（1 － reliability）

（二）效度

　　甄選目的是希望能從應徵者中找到（或者能預測出）未來工作表現優良的人員。為了知道是否找對人，組織需要先訂定工作績效的標準。然而很多公司以為只要在甄選時，雇用分數較高的應徵者，這些人自然而然會產生較高的工作績效，要能如此推論前，必須先確定測驗具有效度。效度就是判斷甄選工具是否能找到優秀員工的指標，效度的操作型定義，就是甄選工具分數與工作績效分數間的關聯性，關聯性高則效度高，關聯性低就是效度低。

　　常見效度估算方式有「預測效標關聯效度」（Predictive Criterion-related Validity）與「同時效標關聯效度」（Concurrent Criterion-related Validity）兩種，其中效標指的是工作績效。

　　預測效標關聯效度的做法是先蒐集某位應徵者在甄選階段所得的測驗分數，待其進入公司一段時間後，再蒐集工作績效，接著與甄選測驗分數做相關檢驗，便可得效標關聯效度，由於剛進公司不會馬上有工作績效的成績，要等待數個月至半年，才會有第一次的工作績效出現。

　　如果公司不時常雇用新人，另外一個變通的方法，是以公司內部員工作為受測者，將其所得分數與考績做相關分析，馬上可得知效標關聯效度，因為是同時可得知，所以稱為同時效標關聯效度。這兩種效度的計算方法各有優點與缺點，預測效度的資料來自一位真正的應徵者會比較正確，缺點是需要等待至少半年以上，才有真正的績效考核，因此時效性不如同時效標關聯效度。

相對的，同時效標關聯效度的最大優點是可以很快得到效度，但資料蒐集自現任員工，加上員工參與研究的意願通常不高，所以有可能較不準確。信度與效度有最低的判定標準嗎？一般學術研究可接受的最低信度係數為 0.70；而效度則可被容許更低的數值，一般常見的係數由 0.20 ～ 0.50，甚至以上都可能發生。

4. 常見的甄選工具

常見的甄選工具包含應徵表格、面談、能力測驗、智力測驗、特殊專業知識測驗、人格測驗、工作範本、傳記式資料（Biographical data），還有集甄選工具大成的評鑑中心法（Assessment center），其中包含公文籃測驗以及無領導者的個案討論等，進行一至數天的工作模擬情境測驗。

（一）應徵表格

應徵表格是獲得應徵者基本資料的一個方式，大部分問題都與個人教育背景及先前工作經驗有關。有些公司也會用這些資料做初步篩選的標準，但是有些與工作無關的問題，例如現今與過去的婚姻狀況、家庭病史、個人宗教信仰、政黨偏好等，便不適合問。

不過個人隱私的定義，會因文化差異而有所不同，所以要因地制宜，例如在美國若請對方填寫出生年月日，是一個很不禮貌的問題，履歷表上也不會要求貼上照片，但在台灣卻相當普遍。美國法院甚至規定要提出與工作相關程度的證

明，才能使用應徵表格中的資訊作為篩選員工的標準。

另外一個設計題目的要點為資訊的可驗證性，否則無從得知應徵者所提的資訊真偽。應徵表格可以進一步設計成加重計分的版本，例如對某些資料加重計分，提升它對錄取決策的重要性及影響力。

（二）結構式面談

面談是最常被使用的甄選工具，將近 9 成的應徵者都參與過面談，有些公司甚至願意幫應徵者負擔交通費用來參加面談，從投入的成本和資源，可以看出企業對面談的重視程度，例如花旗銀行舉行多對一或多對多的面試，並刻意醞釀一些情境，讓主管能多方面觀察應徵者，中國信託也是採取主管多重面談的方式，台積電則透過面試，測試學生的自信心、溝通表達能力及團隊合作的精神。

然而許多研究卻發現面談的信度與效度並不如預期高，主要原因是面談很容易受到不當的問題、評分者本身的偏好等影響，導致低效度。

因此面談時要特別注意問題的設計與主試官的訓練，尤其面談題目的設計要貼近與工作相關的 KSAOs，但不要有想在面談中衡量所有特質的野心，因為不同的甄選工具適合蒐集不同的資訊，面談過程中最適合觀察的特質是社交互動性，還有一些基本的禮儀與表達能力。

面談要有信度和效度，必須遵循特定的結構，所謂的結構是指事先建立問題清單給所有主試官，並規定對於不同應

徵者要問相同的問題，連回答的時間長短與情境都必須一致，研究發現，結構性面談的效度，比非結構性面談的效度高出三分之一。

（三）能力測驗

　　最早使用能力測驗來甄選員工的案例是 1908 年巴黎甄選街車駕駛員，該測驗衡量應徵者的反應時間、對速度與距離的判斷、對災害的應對等。當時測驗是在實驗室使用特別設計過的器材進行，經過個別測驗後篩選出新的駕駛員，結果發現車禍的意外次數明顯降低。其他應用能力測驗做甄選的案例，還有電話接線員與打字員等職業。1917 年美國國家研究團隊，為了選擇適當的軍事人員，發展能力測驗，對於往後心理學的發展有很大的幫助。

　　能力測驗泛指對於某項知識的測驗，例如對機械的知識測驗、語言能力測驗、專業科目測試等。由於能力測驗種類相當多，除了一些特定知識的能力測驗外，認知能力測驗（Cognitive Ability Test）是另一個被廣泛應用，並且有高效度的能力測驗，也是所謂的智力測驗，有許多知名企業採用此種測驗，例如台達電子、華通電腦、鴻海精密機械、智邦科技等。

　　後設分析的研究發現能力與工作績效間的關聯性很高，而且不受限行業別與性別族群，除了對於一些弱勢團體可能會有誤差外，智力測驗是一個很好的預測工具。

（四）人格測驗與職能

麥克利蘭（McClelland）早在 1961 年提出，經理人應具備的特質為成就需求、權力需求以及歸屬需求，這些特質也成為選擇優秀經理時的基本特質要求。然而在工作上所展現的特質，是否等於真正的人格特質？換位子要不要換腦袋？人格特質是否會隨著時間或經驗而改變或者被改變？可否用人格特質來甄選員工？人格就是職能嗎？回答這些議題前，先要了解什麼是人格？

❶ 大五人格特質

人格測量是以數字大小，來記錄某特質的強弱。一般常見的人格測量方法包含面談法、籃中測驗、正直量表、明尼蘇達多重項度人格量表等，早期的研究對人格的定義不一致，造成人格量表在甄選活動上應用的障礙，有些學者認為人格和工作內容及工作表現的關聯性很低，而且許多人格量表的題目，很容易被受測者猜到可以得高分的選項，因而影響人格測驗的效度。

自從大五人格特質（Big Five Personality Type）理論的出現後，人格測驗的命運大大的被改觀。該理論將人格特質的定義，整理成 5 大類別的特質，以有利後續效度類化研究的進行，促成人格測驗成為熱門甄選工具之一。大五人格特質分別是親和性（Agreeableness）、勤勉正直性（Conscientiousness）、外向性（Extroversion）、情緒穩定性（Emotional Stability）、經驗開放性（Openness to Experience），定義請參考圖表 2-4。

大五人格的研究發現，勤勉正直性與工作績效、訓練期的成效有正向相關[i]；親和性、情緒穩定性可預測服務客戶的行為[ii]；外向性和業務人員的銷售業績有正向相關；而經驗開放性則與訓練階段的成效有正相關。人格測驗很適合跟其他甄選工具搭配使用，因為人格測驗與其他甄選工具（如智力測驗、評量中心）相關性很低，和其他工具一起使用時，可以增加甄選活動的整體效度[iii]。

🕘 職能

　　與職能（Competencies）的定義比人格特質更模糊，職能是指跟工作行為有關的個人特質，職能可由組織參考組織策略或模範員工後，自行定義內涵，由於職能比人格特質更貼

圖表2-4　大五人格特質

大五人格特質	因素
親和性	體貼、同理心、互依性、思慮敏捷、開放性、信任
勤勉正直性	注意細節、盡忠職守、責任感、專注工作
外向性	適應力、競爭力、成就需求、成長需求、活力、影響力、主動性、風險承擔、社交性、領導力
情緒穩定性	情緒控制、負面情感、樂觀、自信、壓力容忍力
經驗開放性	獨立、創造力、人際機伶、集中思考、洞察力

資料來源：Mark J. Schmit, Jenifer A. Kihm, and Chetrobie（2000）

---

[i] Barrick 與 Mount（1991）的研究。
[ii] McDaniel 與 Frei（1994）的研究。
[iii] Gatewood 與 Field（2001）的研究。

圖表2-5　大五人格特質與兩大職能分類比較

通用職能（工作行為）	大五人格特質	大八職能
主動性	外向性	互動與展現、領導與決策
人際關係覺察	開放性	創造與概念化、分析與解釋
感染與影響力	－	－
團隊與合作	親和性	支持與合作
技術專業	－	企業家精神展現
分析式思考	勤勉盡責性	組織與執行
自我控制	情緒穩定性	適應改變與應對挫折
彈性	－	－

近工作情境，因此常被應用在各項人力資源管理實務中，例如組織根據職能標準制定薪酬水準，或根據職能建立甄選標準，或者提供加強培養特定職能的訓練等。

　　職能的定義包含下列 5 個範疇：技能、知識、自我概念（態度、價值觀）、特質、及動機。常見的職能類別有 Milkovich & Newman 所提出 8 個通用職能（eight generic competencies）及 Bartram 提出的大八職能（Great Eight competencies），圖表 2-5 將兩種職能分類與大五人格特質做比較。

（五）傳記式資料

　　傳記式資料（Biographical Data）最早在 1940 ～ 1950 年被運用在挑選第二次世界大戰的軍事人員上。傳記式資料量表

的信度大約是 0.60 ～ 0.80，效度大致都有 0.30 以上[i]。使用傳記式量表有一個很重要的前提，那就是假設過去生活經驗可以預測未來的工作績效，特別適合在面談時，用來挑選優秀的應徵者，也可能發展成問卷，由應徵者填答。

另外一個優點是傳記式量表較沒有人格測驗可能碰到偽造答案的情況，因為應徵者回答的是已經發生過的事件，提醒應徵者所提供的資料可能曾被驗證或抽查，將可大幅降低假資料的風險。傳記式資料的缺點是不易自行發展問卷，通常需由專家協助製作。公司首先要找出績效良好的員工具備的生活歷練與經驗，接著發展傳記式的問題來評量這些經歷，題目應該詢問過去發生的行為，而不是未來可能的行為。

例如可以問過去 5 年曾做過的工作？避免問未來 5 年想要從事什麼類型的工作？題目必須很具體，例如「是否蒐集過郵票」，而不是問「喜不喜歡蒐集郵票？」答案必須可被證實，例如呈現集郵簿，否則就流於個人的意見表達而已。

每種甄選工具有不同優缺點與限制，組織應考量職務與應徵者的特點，選擇一項或者多項甄選工具搭配使用，茲將各種方法的比較呈現於圖表 2-6。

三、效用分析

人力資源管理部門長期被當成消耗而非創造資源的部

---

[i] Wayne F. Cascio, (1976). Turnover, biographical data, and fair employment practice. Journal of Applied Psychology, 61:576-580.

圖表2-6　甄選方法特性比較

甄選方法	信度	效度	可類化程度	效用	合法性
面談	低（非結構面談）	低（非結構面談）	低	低（費用高）	低（主觀或偏見）
背景調查（推薦信）	低	低	低	低	—
傳記式資料（履歷）	高再測信度（可驗證性）	高效標關聯效度（低內容效度）	具工作特殊性	高	評分標準不同
體能測驗	高	中效標關聯效度	低	中等	對女性及身心障礙者較不利
認知能力測驗	高	中效標關聯效度	高（適合複雜工作）	高（低成本）	對弱勢族群不利
人格量表	高	低效標關聯效度（低內容效度）	低（勤勉正直性高）	低	低（文化差異）
工作範本測驗（試作測驗）	高	高效標關聯效度（高內容效度）	—	高（高開發成本）	高（與工作相關）
誠信測驗	證據不足	證據不足	證據不足	證據不足	—
藥物測試	高	高	高	高	侵犯個人隱私

說明：修改自 Noe, R. A., Hollenbeck, J. R., Gerhart, B., & Wright, P. M.（2019）.Selection and Placement in *Human resource management:Gaining a competitive advantage*. New York, NY: McGraw Hill Education.

門，尤其在人力資源管理實務的效果難以量化的情況下，不像銷售部門可提出具體的營業額、生產部門的生產量，或者研發部門的專利數。人力資源管理缺乏一個可以跟跨部門與高階管理溝通的語言。效用分析（Utility Analysis）結合財務會計與人力資源管理的概念，可以應用在多項人力資源管理實務上。效用分析最大強項，是以量化的結果清楚表達不同方案的利害得失，本文將只專注於招募甄選的效用分析。

Taylor & Russell 將甄選工具的效用，定義為使用該工具後可以增加符合工作績效標準的員工比率，換言之，有效用的甄選工具，應該會提升全公司員工的績效表現，如果沒有效果或者甚至是反效果，就不需要浪費資源發展或使用新的甄選工具。Taylor & Russell 以效度（validity）、甄選率（selectionratio）及基本率（base rate）計算出不同組合下的效用，事先計算好各種組合的數據彙整成表格，讓使用者可以方便快速的查出在不同效度與甄選率組合下，可獲得的基本率數值。

1. 基本率

基本率（base rate）是符合工作績效標準的員工比例（基本率＝符合工作績效標準員工數 ÷ 總體員工數），高基本率是好現象，代表公司整體員工有好的工作績效，也許是當初透過招募系統就找到好的員工，也有可能是訓練制度培養的結果。因此如果使用新的甄選工具後，能提高基本率，那麼就代表甄選工具有效用。

2. 成功率

　　成功率（success ratio）是雇用後新雇員在工作表現合格的比率，雇用成功率利得（hiring success gain）是使用新甄選工具時，額外增加的合格者比率。舉例來說，假設目前新雇員符合工作績效標準的比率是 75%，若使用新的甄選工具後，符合工作績效員工的比率變成 85%，代表新的工具可以增加 10% 合格者。換言之，當預期利得（expected gain）愈多，該甄選工具的效用愈高。

3. 甄選率

　　甄選率是雇用人數除以總應徵人數，甄選率低，可能是因為來應徵的人很多或者被錄取的人很少，這兩種情形對公司而言都是好現象。來應徵的人多，代表公司有較多選擇，比只能從少數應徵者中選人的窘境強，找到優秀人才的機會也比較高；錄取者少，代表組織有嚴格的甄選標準，能確保找到最好的人才，因此甄選率愈低，愈能選到優秀的人才。

　　圖表 2-7 中以兩個組織為例，組織 A 與組織 B 有相同的效度與甄選率，但兩者的基本率不同，基本率代表在沒有使用甄選工具下，員工符合績效標準的比例，很明顯的，B 組織中符合績效標準的員工達 80%，遠高於 A 組織的 30%。

　　表格內以百分比呈現的數字代表成功率，也就是採用甄選工具在不同甄選率下，符合工作績效標準的員工比率，此比率可由查詢 Taylor & Russell 的表格得來。假設 A 組織目前採用效度 0.2 的甄選工具，某顧問公司來推銷效度 0.6 的新甄

圖表2-7 效用分析範例

組織 A 基本率＝ 0.3		甄選率	
	效度	0.1	0.7
	0.2	43%	33%
	0.6	77%	40%

組織 B 基本率＝ 0.8		甄選率	
	效度	0.1	0.7
	0.2	89%	83%
	0.6	99%	90%

選工具時，身為 HR 主管的你該如何做決定？很多人會回答：「只要有預算，就投資效度較高的工具以提升效用。」這似乎是安全的答案。

但是從圖表 2-7 來看，甄選率會影響效用提升的幅度，在甄選率 0.1 的情況下，使用效度 0.6 的工具可以提升 34%（77% － 43%）成功率，而當甄選率是 0.7 的情況下，採用效度 0.6 的工具只能提升 7%（40% － 33%）成功率，換言之如果不降低甄選率，就算提升效度也不會增加太高的成功率，購買效度 0.6 的甄選工具意義不大。

假設同樣的顧問公司到 B 組織推銷效度 0.6 的工具，從圖表 2-7 的分析來看，不論甄選率為 0.1 或 0.7，增加的成功率都不如在 A 組織的高，原因是 B 組織有高達 0.8 的基本率，也就是 B 組織內原本符合工作績效標準的員工已達 80%，就

算用效度 0.6 的工具不會增加很顯著的成功率。

圖表 2-7 的範例，也可以用來探討招募與甄選之間的關聯。假設組織目前的甄選工具效度為 0.6，又假設對於招募活動非常積極，因而暴增許多應徵者，導致甄選率從 0.70 下滑至 0.10，這時組織所面臨的決策為是否要持續積極的招募？

很多人可能會直覺回答應該繼續進行，因為低甄選率可以選到好員工的機率較高。但正確答案為應視基本率而定，若目前組織的基本率是 0.3，則積極招募這個選擇是正確的，因為當甄選率由 0.7 降至 0.1 時，雇用成功率的利得會由 40% 增加為 77%，所以增加應徵者人數（意即降低甄選率）是正確的策略。但若目前的基本率是 0.8，則正確的決定應該是停止積極招募，因為雇用成功率利得只由 90% 增加至 99%，這個小幅度的增加，不一定平衡招募專案所需的大筆支出。

雖然效用分析可以提供簡單明瞭的量化指標，作為決策時的參考，然而理想的研究環境與現實的實務之間，還是存在差距，效用分析無法將所有的現實情況一併納入考量，舉例來說，同時使用多項甄選測量工具的情況，就無法採用 Taylor & Russell 模式，也沒有將勞動政策規範（如平等就業機會）與應徵者的態度、反應等因素一起考慮。

因此在使用效用分析時，仍要注意和實際狀況間的差異，如果決策者接受的資訊夠充分，也能了解這項分析固有的限制，較不會對效用分析感到失望，因為現實環境永遠都會比理論複雜和多變，能發展一個完整的管理實境分析模型是管理者的責任，而 HR 部門要不厭其煩的盡可能使用最精

確的方法來輔助。

　　人力資源管理活動的從事者，要時時增加本身的專業知識與能力、常注意時事與國際情勢的變化，以增加對於勞動力市場的適應力。

參考文獻

1. Barrick, M. R., & Mount, M. K. (1991). The big five personality dimensions and job performance: a meta analysis. *Personnel psychology, 44*(1), 1-26.

2. Bartram, D. (2005). The Great Eight competencies: a criterion-centric approach to validation. *Journal of applied psychology, 90*(6), 1185.

3. Cascio, W. F. (1976). Turnover, biographical data, and fair employment practice. Journal of *Applied Psychology, 61*(5), 576.Gatewood, R. D. & Field, H. F. (2001). Human Resource Selection. Harcourt College Publishers.

4. Knoll, S. (2008). A Typology of Cross-Business Synergies and a Mid-range Theory of Continuous Growth Synergy Realization. Springer: Switzerland.

5. McDaniel, M. A., Whetzel, D. L., Schmidt, F. L., & Maurer, S. D. (1994). The validity of employment interviews: A comprehensive review and meta-analysis, Journal of Applied Psychology, 79: 599-616.

6. Noe, R., Hollenbeck, J.R., Gerhart, B, & Wright, P.M. (2019). Human Resource Management: Gaining a Competitive Advantage. New York: McGraw-Hill/Irwin.

7. Schneider, B.(1987). The people make the place. *Personnel psychology, 40*(3), 437-453.

8. Schmidt, F. L., & Hunter, J. E.(1983). Individual differences in productivity: An empirical test of estimates derived from studies of selection procedure utility. *Journal of Applied Psychology, 68*(3), 407.

9. Sosbe, T.(2004). The Power of GE Education. Chief Learning Officer, Online edition.

第 3 課

員工訓練與開發

「人」是企業的根本，一個企業擁有再好的設備，若沒有優秀的人力素質，終究會被市場淘汰。「養兵千日，用在一時」，在這個人才需求孔急的知識經濟時代，企業除了要致力引進最佳的人才，平日更要著手訓練既有的人力。除了幫助員工培養實力，企業也可以藉由這些優質員工，讓組織更有競爭力。

- 訓練系統
- 訓練需求分析
- 訓練目標訂定
- 訓練課程設計
- 訓練評估
- 結語

蔡維奇

美國明尼蘇達大學雙子城校區人力資源管理博士，現任國立政治大學信義講座教授兼商學院院長、台灣組織與管理學會理事長。

曾任國立政治大學商學院特聘教授兼副院長、國立政治大學企業管理學系系主任、專任教授、副教授、國立交通大學經營管理研究所專任副教授、國立台灣科技大學企業管理系專任助理教授、國立中央大學人力資源管理研究所兼任教授、美國加州大學柏克萊分校 Fulbright 訪問學者、《管理學報》與《人力資源管理學報》總編輯。

獲科技部（原國科會）管理學門「傑出研究獎」、「獎勵特殊優秀人才獎」、中華民國科技管理學會「院士」、管理科學學會「呂鳳章先生紀念獎章」、政治大學「學術研究特優獎」、「教學特優教師獎」、「教師及研究人員傑出服務獎」、政治大學商學院「教學特優教師獎」及政治大學心理學系「傑出系友獎」。研究專長為企業訓練、招募與甄選、員工工作情緒、服務業員工情緒表達等。

美商奇異公司（GE）前執行長威爾許（Jack Welch）曾經說過：「企業成功最重要的因素是人才，第二才是策略。打造一個很棒的團隊，你將能達成遠遠超乎你想像的成就。」這段話一語道出了「人」是企業經營的骨幹，同時也是企業未來成長與生存的關鍵之一。面對經營環境瞬息萬變的今日，組織必須不斷提升人力素質，才能保持企業的競爭力。為了達成此目的，組織可以藉由訓練活動的實施來改善員工績效，進而提升人力素質，使企業得以永續經營。

所謂「訓練」是指為了增進員工的知識與技能，改善員工工作績效所舉辦的一系列有規劃、有系統的活動。實施訓練可以為組織帶來以下的效益：

- 增進員工知識技能，提高員工素質。
- 改善員工工作態度。
- 提升工作效率與經營績效。
- 減少職業災害的發生。

一、訓練系統

訓練活動的設計與實施以高斯坦（Goldstein，1986）的「教學系統設計模式」（Instructional Systems Design Model，ISD Model）最廣受應用，該模式包含了「訓練需求分析」、「訓練目標訂定」、「訓練課程設計與執行」與「訓練評估」四個階段。

教學系統設計模式強調的是，透過審慎的訓練需求分析

來訂定訓練目標，依據訓練目標設計訓練課程，並發展適當的評估工具，以評量訓練是否有效。

二、訓練需求分析

教學系統設計模式中，企業訓練的第一個步驟是訓練需求分析。訓練需求分析是指企業組織決定員工訓練是否為必要措施的過程，一般而言，企業可以藉由訓練來解決員工績效不彰的問題。

然而訓練並非萬靈丹，只有當問題出在員工缺乏知識技能時，訓練才能解決問題；如果問題的癥結是因為員工的動機低落、資源設備不堪使用及任務溝通不佳，則教育訓練不易解決問題。因此，企業要先進行訓練需求的分析，以確定訓練是否為解決良策。

訓練需求分析包括組織分析、職務分析與人員分析三部分。組織分析的目的是探究目前組織內部是否利於訓練的實施；職務分析是決定哪些重要的知識技能必須納入訓練課程，也就是訓練課程內容的決定；人員分析則是為了要了解員工績效不佳的原因，確定訓練是否為解決問題的好方法，以及有哪些員工需要接受訓練？以下依序說明各類分析的重點及進行步驟。

1. 組織分析

組織分析為訓練需求分析的首要步驟。當組織的情境有

利於訓練的實施時，訓練才能發揮作用。組織分析包含四部分，分別為企業的策略方向、主管與同事的支持、組織的遷移氣候（climate for transfer）及訓練資源的充足性。

（一）企業的策略方向

組織分析必須先要考量組織未來的策略方向，才能規劃出符合組織需求的教育訓練。假設企業決定 3 年後成立電子商務部門，人資部門必須未雨綢繆，及早規劃相關的訓練課程。

組織藉由訓練來彌補員工知識技能的不足，使員工具備良好知識技能以提升績效，因此企業未來的策略方向，是籌辦員工教育訓練的重要參考指標。

（二）主管與同事對訓練的支持

員工的主管與同事對訓練的態度，會影響員工接受訓練的意願。當主管及同事對訓練抱持正面的態度，員工參加訓練的動機會較高，並且在訓練結束之後，受訓者會比較願意在工作上運用新學到的技能。

（三）組織的遷移氣候

組織的遷移氣候是指員工們是否有共識，覺得組織是否重視、鼓勵員工將所學知識技能運用在工作上（即訓練遷移）。這裡可從主管及同事對遷移的支持，以及提供機會使用新知識技能兩方面探討組織的遷移氣候。

❶ 主管及同事對遷移的支持

員工結訓後，主管是否提供機會讓員工使用新的知識技能，以及一同受訓的同事是否互相勉勵、分享受訓心得，都會影響受訓員工能否順利將訓練學到的技能運用於工作上。

❷ 提供機會使用新知識技能

訓練課程結束之後，員工因受限於自身的工作內容，未必有機會把新的知識技能運用在工作上。此時主管可以提供合適的專案，使員工有機會發揮所學；主管亦可安排回訓課程，讓員工有機會復習之前學得的知識技能。

（四）訓練資源的充足性

訓練資源是指企業具備的訓練時間、預算與專業。當企業沒有足夠的專業，或因時間急迫無法自行設計課程時，可考慮求助於外部訓練資源（如企管顧問公司）。組織必須具備足夠的訓練資源，方能使訓練課程順利進行。

2. 職務分析

職務分析有助於訓練課程內容的設計與發展，分析步驟包括：首先，選擇一個職務作為分析對象；其次，訪談對該職務熟悉的專家（如資深員工或直屬主管），將訪談的內容編成問卷，再請專家評量每一任務的重要性、頻率與困難度，選出相對重要、出現頻率高且較為困難的任務；最後，界定執行上述任務所需的知識與技能（Knowledge, Skills and Abilities，KSAs），其結果即為訓練內容。職務分析類似工作

分析，因此組織若早已做好工作分析，在進行訓練需求分析時較能省時、省力。

3. 人員分析

　　人員分析的目的在於了解訓練可否解決員工績效不佳的問題，並且決定組織中誰需要接受訓練。企業在進行人員分析時，應考慮組織內員工對訓練的看法，以利訓練活動的實施。以下就員工對訓練的觀點及人員分析的對應做法，分別深入探討。訓練是組織的重要資源，而資源應如何公平分配，必須視組織中多數員工的看法而定，員工對訓練的看法包括以下 3 種觀點：

（一）獎賞觀點

　　當員工視訓練為獎賞時，只有績效表現較佳的員工接受訓練，才符合公平的原則。若人資部門不了解多數員工對訓練活動抱持的看法，貿然將訓練資源平均分給每位員工，會引起員工不滿。因此當員工看待訓練的觀點是獎賞取向時，則人員分析重點應著重在設計具激勵作用的訓練課程，例如在高級渡假飯店舉行訓練課程，並選派績優員工接受訓練。

（二）福利觀點

　　當多數員工視訓練為福利時，則每位員工皆有權接受訓練，此時人員分析重點在找出大多數員工的共同訓練需求。具體做法有：企業可開設多項訓練課程，由員工依個人需求

自行選擇，或是可透過問卷調查方式，找出多數員工的共同
需求。

（三）需求觀點

　　當多數員工視訓練為解決需求（即提升績效）的工具
時，則指派績效不佳的員工接受訓練，才符合公平的原則。
此時人員分析應參考企業的績效評估制度，由主管負責診斷
直屬員工的績效，了解哪些員工有績效不佳的問題，哪些員
工的績效可藉由訓練加以改善，進而找出真正需要接受訓練
的員工。基本上，高斯坦的「教學系統設計模式」（ISD
Model），是秉持著需求觀點來進行人員分析。

　　理論上，組織進行訓練時，應先執行訓練需求分析。一
項針對國內卓越企業研發單位人才培訓制度的研究指出，有
進行訓練需求分析的公司，大約占了90%，意思是多數國內
企業均會執行訓練需求分析。譬如東元電機在擬定年度訓練
計畫時，以訪談的方式了解高階主管和各部門主管的需求，
然後針對員工進行抽樣調查，並根據訪談與抽樣調查結果擬
定課程計畫。

　　滙豐（台灣）銀行則是先參酌每5年調整一次的全球策
略目標，找出為了達成策略目標員工必須具備的各式職能群
組，接著再與全世界的標竿公司相互比對，選出職能模型的
評估標準，最後從上到下衍生出高階、中階與基層主管必須
具備的職能細項。隨後，會進行包括360度回饋、受試者自
評最好與最差的3項職能，以及請受試者的直屬主管給予評

鑑。人資部門再根據這 3 類資料，由評鑑小組（成員包括直屬主管、部門主管與人資部門主管）來評核受試者的每一項職能表現是否具競爭力，而後依照不同職能及職務，發展出實體教室訓練與線上課程。

多年來行政院勞動部勞動力發展署積極推動「人才發展品質管理系統」（Talent Quality-management System，簡稱 TTQS），希望促使企業建立一套完整且系統化的人力資源發展體系。

在需求分析的進行上，TTQS 主張透過經營績效缺口分析，了解績效落差的原因，連結現在與未來的組織分析（包含組織願景、使命、策略產生的經營需求，高階主管對於訓練的承諾與參與等）、職務分析及職能分析，找出個人職能缺口，以便界定訓練需求。隨著 TTQS 認證的日益普及，相信台灣企業在訓練需求分析的做法，會往更系統化、精緻化的方向發展。

4. 是否已準備好接受訓練

分析出員工所需的訓練內容及確定哪些人需要接受訓練後，應探究員工是否已經準備好接受訓練（readiness for training），可從員工先修技能、學習動機及自我效能 3 個層面來探討：

（一）先修技能

人資部門在進行訓練之前，必須先確定員工是否已具備

足夠的先修技能，例如閱讀能力、是否修畢先修課程等。要確知員工在這些先修技能的水準，可透過測試的方式予以評估，若測試無法通過，則可安排員工修習先修技能的課程，以確保員工有足夠能力學習隨後的訓練課程內容。

曾獲 TTQS 金牌獎的中華電信公司，在調訓時會特別留意學員的先修技能是否足夠，例如，讓準備受訓的初階學員先接受數位學習補足基本的知識，並採取課前預習測驗的過濾措施，通過測驗的學員才會被調訓，以確保學習資源不會浪費。

（二）學習動機

學習動機的高低會影響學習成效，企業在訓練課程執行前，應該先診斷學員的學習動機。若學員的學習動機偏低，則訓練人員可事先運用一些方法提高其學習動機，例如，假設公司要舉辦財務分析的訓練課程，人資部門可以打破傳統做法，將通知單設計成報表的形式，讓學員覺得課程新鮮活潑，加強學員學習動機。

除了人資部門外，講師與主管亦能扮演增加學員學習動機的角色，例如第一次上課時，講師應告訴學員此訓練課程對工作與未來生涯有何幫助，以提高學員的學習動機。另外，在受訓前主管可以告知學員，結訓後必須撰寫心得報告或與同事分享學習心得，這也對提升員工的學習動機有所助益。國泰人壽則是藉由高階主管參與課程開訓或結訓、親自授課與陪同上課等方式，提高學員對課程的投入。

（三）自我效能

自我效能是員工接受訓練課程時，自我評估能否成功學好訓練課程的內容。員工的自我效能愈高，學習成效會愈好。當訓練人員發現員工的自我效能不高時，可採用以下方式提高其自我效能：

❶ 給予學員典範（modeling）

以成功的例子告訴學員，其他員工都可以學會此課程內容，相信他一定也可以做到。

❷ 說服（persuasion）

告訴學員，根據我們對他的了解，相信他一定有能力可以學好課程內容。

❸ 過去的經驗（past experience）

在訓練初期幫助員工創造成功的經驗（如指定較簡單的作業，並給予正面回饋），增加學員的自我效能，讓學員了解此訓練課程並沒有想像中的困難。

三、訓練目標訂定

組織可以根據訓練需求分析的結果，了解企業的策略方向對訓練的意義、組織的遷移氣候、確認參訓的人選，及訓練應提供的內容。依據上述結果，組織可進一步訂定訓練課程目標，而每個訓練目標的撰寫應包括下列 4 個要素：

❶ 訓練課程欲改善學員何種知識技能？

一般而言，訓練課程欲改善的知識技能可分為下列 4 類：

- 口語訊息（verbal information）：學員是否吸收到了新的知識。
- 智能技巧（intellectual skills）：學員是否能分析、診斷、運用及規劃本身所擁有的知識。
- 動作技巧（motor skills）：學員是否具有實際操作機器、儀器（含電腦軟體）的技能。
- 態度與行為（attitudes and behaviors）：學員是否能以語言或非語言方式，表現出合宜的行為，如人際技巧的改善。

❷ 此知識技能必須達到的績效水準為何？

❸ 學員必須在何種情境下表現出此知識技能？

❹ 此知識技能屬學習目標或遷移目標？

以下用某企業舉辦文書處理—— Microsoft Word 的訓練課程為例，列出該課程的兩大訓練目標：

- 訓練課程結束時（學習目標），學員必須能操作 Microsoft Word 的電腦軟體（動作技巧），且於期末實作評量時（表現情境），得到 75 分以上的成績（績效水準）。
- 訓練課程結束後回到工作崗位（遷移目標），學員在執行文書作業時（表現情境），能運用訓練課程所教導的 Microsoft Word 文書處理技巧中（動作技巧）8 成以上的原則，而且沒有錯誤（績效水準）。

四、訓練課程設計

決定訓練目標之後，訓練人員可著手設計課程內容。良好的訓練課程必須運用合適的學習原則，以幫助學員有效學習；選擇合適的遷移原則，以協助學員將訓練學得的知識技能運用在工作上，並選擇合適的訓練方法。

1. 學習原則

設計訓練課程時，講師應運用合適的學習原則，以增加學員的學習動機並促進學習成效，學習原則大致可歸納為下列 6 項：

（一）學員需要明確的訓練目標

學員在有目標的情形下，學習才能達到最佳效果。目標的明確度愈高（如盡量將上述 4 個要素包含在訓練目標的撰寫中），學員會愈清楚自己要努力的方向，才不至於把精力浪費在與目標無關的事物上。

（二）學習的內容對學員要有意義

當訓練課程與學員目前工作面臨的問題愈有關聯時，學員會愈願意學習此課程。因此講師講述課程時，應盡量採用能讓學員了解的慣用語，並配合工作上的實例，以提高學習內容對員工的意義。

（三）學員需要機會練習

藉由不斷練習課程上教授的知識技能，可加速學員對課程內容的吸收，進而達到高度學習的程度。高度學習（overlearning），是指讓學員反覆練習課程所教授的技能，直到不需要思考即能表現出該項技能為止，也就是學員能夠自然習慣的運用新學到的知識技能。高度學習可以幫助學員面對緊急狀況（如開車時遇突發狀況需要緊急煞車），立即做出正確的反應並解決問題。

（四）學員需要回饋

講師提供的回饋必須明確、即時，並可配合口頭嘉獎，強化學員的學習行為。倘若組織能在學員練習時拍攝下練習的情況，再由講師針對每位學員的行為表現，給予明確的回饋與指導，學習效果更佳。

（五）學員可透過觀察來學習

社會學習理論主張人們除了經由自己的經驗學習之外，亦可藉由觀察他人的行為及結果學習。因此，訓練課程可安排專家示範，讓學員藉由觀察來模仿專家的行為。

不過組織在選擇示範者（model）時必須相當審慎，示範者應盡量具備與學員背景相似，且可成為學員的表率（如專業、職位、年齡等）。建華金控要求與客戶密切往來的理財部門及櫃台工作的新進員工，必須以實習生的身分在執勤同仁身邊專心觀察，目標在於學習公司規定的工作內容；之

後，再由身為「師傅」（Mentor）的資深員工扮演觀察者，透過從旁觀察測試初上路員工的工作情形，給予進一步指導。

（六）學員需要在行政上有妥善安排的訓練課程

課程執行時，許多行政因素可能影響學習效果，訓練人員應於事前予以考量並排除阻礙學習的因素。

- 進行課程溝通，讓學員預先了解課程內容。
- 準備課程教材。
- 安排訓練教室與必要設施。
- 檢查器材（如單槍、筆電）是否運作良好。
- 安排好備用的設備材料（如投影機的燈泡），以防突發狀況發生。
- 準備好評估工具（如課程意見表、角色扮演評分表）。
- 設置學員與講師的溝通管道（如電子信箱）。
- 將講師的課程給與學員資料建檔。

2. 遷移原則

講師在設計訓練課程時，除考量學習原則外，尚必須運用合適的遷移原則，這樣可以幫助學員在訓練課程結束後，將學得的知識技能順利運用在工作上。遷移原則有下列 4 種，講師應依據訓練目標的不同予以採行。

（一）設計與工作環境相似的訓練情境

訓練課程的特性與工作環境愈相似，學員回到工作後，

愈容易運用習得的知識技能，遷移的程度也就愈高。一般而言，以動作技巧方面的訓練最適合運用此原則，例如電腦技能的訓練、機器的操作及維修等。尤以涉及安全相關且有明確程序的行為，如緊急逃生程序等訓練，在設計課程時，若能做到物理逼真與心理逼真，有利於知識技能內化，使員工在面對工安意外時能有效因應。

全安安全工程公司的擴增實境（Augmented Reality，AR）技術與勞動部勞動安全所的虛擬實境（Virtual Reality，VR）技術，都能增加逼真的程度，除讓受訓人員有身歷其境的體驗外，更可免除真實訓練的危險性，讓受訓者在安全的擬真訓練環境中，進行重複性的訓練，以提升訓練遷移的成效。

（二）提供知識技能的原理、通則

有時訓練課程的特性雖然與工作環境的特性不盡相同，學員仍可藉由講師提供的通則，將訓練課程學到的原則運用於工作中。通常以智能技巧及態度行為（人際技巧）方面的訓練，最適合運用此原則。

（三）透過練習作業或提供口訣，幫員工提取知識

講師可以透過作業的指派、練習的方式，或是提供幫助記憶的口訣，讓學員加速將學得的知識技能，由短期記憶轉換成長期記憶。這可以讓員工在工作上遇到困難時，快速提取記憶並使用新的知識技能，此原則適用於所有知識技能的訓練。

（四）加入防止故態復萌的策略

學員於訓練結束後回到工作崗位，可能會因為遇到某些障礙，使得學員不去運用學得的知識技能，如主管與同事不支持使用新技能，或是員工在工作時缺乏相關要素支援（如時間、設備等），造成員工繼續沿用先前較差的技能或行為模式。

為了協助學員使用訓練課程中學到的新技能，講師可在訓練課程中增加防止故態復萌（relapse prevention）的課程內容，可行的做法包括讓學員列出在員工工作時，妨礙他們使用新技能的障礙因素、講師和學員一同討論排除障礙因素的方法，並教導學員自我管理的技巧（包括目標設定、自我觀察及自我獎勵）等。

無論採行上述哪一種遷移原則，訓練課程結束，學員回到工作崗位後，公司應主動創造機會讓學員運用所學的技能。學員在上完某些課程後，可能不常有機會把在課堂上學到的技能，實際運用在工作中，如消防演練、警察打靶及空服員緊急逃生訓練等，因此，訓練人員可安排定期的復習課程，防止學員忘記所學的技能。

雲朗觀光集團（LDC Hotels & Resorts）為了鼓勵員工將所學的技能（如托盤、鋪床、刀工、果雕、調酒與擺桌等）持續精進並運用在工作上，每季都會舉辦內部跨館的技藝之星競賽，競賽活動不僅凝聚了團隊士氣與組織內部遷移氛圍，也使得服務品質維持在高水準，讓該集團多次獲得國家人才發展獎，甚至旗下餐廳因此獲得米其林三星餐廳的肯定。

至於多次獲頒保險事業發展中心「人才培訓卓越獎」的國泰人壽，則是在許多訓練課程中設計回流教育課程，要求學員在受訓後 1 個月內，針對實務面進行課後行動方案，並邀請高階主管參與回流座談，進行銷售技巧及經驗案例的傳承與檢討。由此可知，企業若能完善規畫訓練，再加上事後追蹤的行動，可使訓練的功效發揮至極大化。

3. 訓練方法

企業訓練的方法很多，每種方法各有優劣，講師應依據不同的訓練目標，選擇合適的訓練方法，以下介紹幾種常見的訓練方法：

（一）演講法

演講法是指講師以講述方式傳遞課程內容，這是應用最廣的訓練方法之一，此方法頗適合口語訊息的教學。演講法的優點為可以同時訓練多位學員、成本比較低廉，及可在短時間內傳遞較多的資訊給學員。但最大的缺點為學員只能被動接收訊息，較缺乏練習與回饋的機會，然而講師可在演講結束後，以討論或問答的方式予以彌補。

（二）視聽技術法

視聽技術法是以投影片、視頻等視聽器材進行訓練。一般而言，這些視聽器材很少單獨使用，通常與演講法或其他訓練方法一同搭配進行。採用此法的優點為可提高學員的注

意力、提高學員的學習動機、可以重複使用教材、成本低廉
及較易掌控訓練時間,缺點則與演講法相似。

(三)個案研討法

個案研討法是指講師提供實例或假設性的案例,讓學員
研讀,並從個案中發掘問題、分析原因、提出解決問題的方
式,經由討論,選擇出最合適的解決之道,比較適用在智能
技巧方面的課程。採用此法的優點為,學員分析與判斷的能
力會進步,還會學到從中歸納出原則,使學員在面臨工作上
的難題時,有解決的能力。

(四)模擬法

模擬法是模擬真實的情境,讓學員在遇到特定情境下,
學習做出正確的反應或表現某些要求的行為。例如飛行員的
模擬飛行訓練目的,是為了讓學員在訓練中感受到真實飛行
時可能遇到的狀況,並在結訓後能將所學應用在工作。採用
此法的優點為可減少實地練習時可能帶來的危險,並且節省
成本。但如果模擬課程中使用的設備不夠逼真,則學員上課
時可能會抱持玩樂的心態,對學習會有不利的影響。

(五)角色扮演法

角色扮演法給予故事情節讓學員演練,這種方法適用於
人際技巧方面的訓練課程。訓練目的是讓學員有機會從他人
的角度看事情,以體會不同的感受,並從中修正自己的態度

及行為。採用角色扮演法的優點為學員的參與感較高，可立即演練課堂中學得的技能，但可能會造成內向學員情緒上的不安。

（六）行為模仿法

行為模仿（behavior modeling）是指由專家示範正確行為，並提供機會讓學員藉由角色扮演的方式，進行行為演練，這個方法的學理基礎是社會學習理論，適用於人際技巧的訓練課程。

行為模仿方法與單純角色扮演的使用，兩者最大的差別在於角色扮演只提供學員練習的機會，而行為模仿除了行為演練之外，還會提供正確行為的示範。因此，採用此法時應特別慎選示範者；另外，在練習當中，講師也要適時提供回饋給學員。

多次獲得台灣永續能源基金會「台灣企業永續獎」的玉山金控，在人才培育面向上屢獲肯定，其中「希望工程師培訓班」的培訓方式活潑多元，結合了專業授課、專書研討、個案研究、分組討論、角色扮演，打破傳統的制式講授，從不同面向來培育中階主管的領導力。

包括：由專業講師授課，以促進領導與管理基礎知識強化、由學員輪流主持專書研討、以個案研討法在課堂上討論真實個案，建立危機處理能力的基礎、善用視聽影音科技，將實際銀行大廳的服務情況拍攝下來作為上課教材、由學員分別飾演顧客及服務人員等不同角色，模擬真實情境。

（七）戶外活動訓練法

戶外活動訓練（outdoor training）是利用戶外活動發展團體運作技巧，以增進團體有效性的訓練方法，訓練的方式包括從事耗費體力的活動，如爬山、攀岩，或較不費力的室內活動，如信任倒（trust fall）。這些團體活動可增進學員同心解決問題與團隊合作的能力，並在講師帶領的討論下，將活動中帶來的感受與工作連結。

戶外活動的訓練課程於 1980 年代首次出現，近年來引進台灣，在國內掀起熱潮，每年數百億元的企業內部訓練預算中，體驗式學習應有超過 10 億的市場潛力。

企業界常運用冒險體驗活動建立高績效團隊，例如台積電的野戰訓練，可以培養成員間的團隊精神；而在競賽中，一人被擊中 3 次才算陣亡，鼓勵員工射擊標靶並爭取額外彈藥，殺死敵人會被扣分，減少人力、彈藥的損失則加分，這些計分方式及遊戲規則，也反映了組織價值觀是允許員工犯錯，並期許員工從錯誤中學習，競爭重點在於達成目標而非擊倒對手，員工不但要勇於爭取資源，也要追求降低成本，整個過程寓教於樂。

一般而言，戶外活動的訓練課程，比起在室內上課的訓練課程對學員更具吸引力，也比較能增加學員的學習動機。採用戶外活動訓練的優點為，吸引學員注意與學習、打破舊有思考型態、增加團體覺醒與信任。缺點是某些課程的安全問題令人擔憂、價格較昂貴、不易將所學的技能應用至工作中等。

（八）數位學習法

數位學習（e-learning）是指受訓學員透過電子媒介學習，而電子媒介包含電腦、行動裝置（平板電腦或智慧型手機）、網際網路等能傳達文字或影音的管道。數位學習目的是仰賴發達的資訊科技，讓受訓學員能夠不受時間地點的限制，得以盡情遨遊知識的領域。

企業導入數位學習，將有助於減少訓練執行時繁瑣的行政作業，且讓訓練者在充裕的時間下，致力提升訓練課程的品質，並且確保訓練課程的品質一致，讓每位受訓者都享有相同的學習效果。開發數位學習之初，企業通常必須花費相當大的設置成本（如軟硬體設備、電腦程式設計等費用），然而一旦開發成功，日後的成本將隨著使用人數增加而遞減。

然而，數位學習若只是單純將過去由講師主導、面對面的訓練內容轉換成線上格式，學習成效通常不會太好，可能的原因有：影片時間太過冗長、缺乏跟講師或學員之間的即時互動與回饋等，以致效果不彰。因此，企業推動數位學習時，需要依據需求審慎評估，盡可能創造學員正面的數位學習經驗，才能達到事半功倍的效果。

數位學習產業在政府持續推動下，多數政府機關、教育機構以及中大型企業，都已導入學習平台。像是緯創資通早期導入育碁的數位學習系統，除了提升員工的知識與技能，也建立知識管理機制，上自公司策略，下至作業流程都能與員工知識相互搭配，而隨著系統開發，數位學習的範疇不斷

擴張，廣及職涯規劃及人力資源發展（Human Resource Development，HRD），串連起各項人資管理功能，該公司也因此於 2003 ～ 2005 年，連續 3 年被國科會數位學習科技計畫辦公室及經濟部工業局評為「特優獎」。

有鑑於數位學習的效益顯著，緯創資通後續評估可以擴及他們的合作夥伴，若供應商能在最短時間內完成培訓，可讓企業全球化布局效益更高，因此決定自建緯育雲端數位訓練系統，此做法於 2016 年獲得美國 Brandon Hall Group 舉辦的企業培訓計畫銀獎最高分肯定。

至於國外的狀況，根據美國人才發展協會（Association for Talent Development，ATD）2019 年產業報告指出，企業在經濟環境波動劇烈的挑戰下，仍持續支持員工的學習與發展，其中，41.74% 訓練是透過數位學習的方式取得。值得留意的是，員工數位學習使用的媒介，除了筆記型電腦（81.1%）與桌上型電腦（72.7%），智慧型手機（42.8%）與平板電腦（41.3%）等行動裝置亦經常被使用，可見數位科技正在改變員工的學習型態。

企業採用數位學習法時，若善用遊戲化（gamification）策略，可以加大學習成效。遊戲化策略是指訓練內容調整成符合企業目標的遊戲，其重點在於藉遊戲的樂趣與激勵效果，幫助員工學習知識技能。2019 年美國娛樂媒體協會（Entertainment Software Association）調查顯示，估計約有 65% 成人有打電動的習慣，因此當企業推動數位學習時，若納入遊戲化的學習策略，預期將頗受員工歡迎且成效良好。

在國內，國泰世華銀行採用遊戲化策略進行教育訓練，舉辦大型證照考照電玩大賽，大幅提高行員持有金融相關證照的比率，更於 2017 年獲得美國人才發展協會（ATD）「最佳卓越學習組織獎」（BEST Award）大獎，以及 2018 年的國家人才發展獎。

此外，資誠聯合會計事務所（PwC Taiwan）配合公司數位轉型政策，採用分組遊戲競賽的方式推動數位學習，有效激起員工強烈的學習動機。當員工為了要在特定領域破關與獲得榮耀，會更願意主動學習困難的專業知識，無形間也提升團隊合作默契與數位應用能力，不論個人或團隊的工作表現都獲得明顯提升。

五、訓練評估

若將訓練視為人力資本的投資，則組織必然想知道該項投資是否值得？這可透過訓練評估回答上述問題。訓練評估是指蒐集資訊，以判斷組織與學員從訓練獲得多少益處的過程，通常企業組織使用以下 3 種方式去解讀訓練是否有效：

- 學員是否達到訓練目標？只要學員能達成訓練目標，訓練就算有效。
- 學員知識技能的改變是否起因於訓練？若學員的改變確實是因為訓練造成，則訓練有效。若學員的改變完全是因為自己自修或其他因素（如學員自然成長）所造成，則不能宣稱訓練是有效的，因為學員的改變並

非源自訓練，而是由訓練以外的因素造成。

- 訓練課程是否適用於其他人或其他場合？訓練課程若具備愈廣的適用性，則訓練成效愈佳。

1. 進行訓練評估的優點

企業組織為什麼需要蒐集資訊進行成效評估呢？除了想了解訓練是否有效外，尚有以下幾點理由：

- 得知訓練課程的優缺點，作為下次訓練課程的參考。
- 可以得知哪些學員在訓練課程中獲益最多。
- 蒐集資訊以利推動未來的訓練課程，例如某些學員受過銷售技巧的訓練課程後，在銷售業績上的表現明顯增加，則人資部門可以藉由此證據來說明訓練確實為公司與員工帶來效益，在下次訓練課程的宣傳與下年度訓練預算的爭取上，較能獲得高階主管的支持。
- 與其他訓練以外的管理方法進行成本效益分析的比較，例如甄選、訓練與工作設計皆為改善員工績效的方法，人資部門可以針對這 3 種方法進行成本效益分析，以確定訓練是否為最適當的管理方法。
- 比較不同訓練課程的成本效益，選擇最適當的課程。

訓練評估可以獲得上述諸多資訊，但徹底執行訓練評估的企業仍有不足。例如：數位學習導入教育訓練是近年來企業人力訓練的重點，而根據資策會的調查資料顯示，阻礙國內企業導入數位學習的主因之一，即「無法估算訓練學習績效」，顯見要更有效的推動員工教育訓練，訓練課程成效評

估的重要性不可小覷。為什麼有些公司沒有進行訓練評估呢？下列幾項原因可能阻礙了企業對訓練評估的進行：

- 人資部門不敢面對事實，擔心評估結果不理想的時候，難以自圓其說。
- 訓練人員缺乏足夠的專業，進行訓練成果評估。
- 對於訓練課程深具信心，因此認為沒有評估的必要，這情況最常發生於趕流行的熱門訓練課程。

2. 訓練評估的程序

　　由訓練需求分析發展出訓練目標，並界定訓練目標所要達成的知識技能後，可同時發展評估工具及選擇適當的評估設計，最後再執行評估計畫，流程如圖表 3-1 所示。

圖表3-1　訓練評估程序

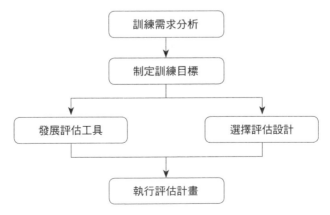

3. 評估工具的種類

柯克派屈克（Donald L. Kirkpatrick）指出訓練評估工具包括以下 4 類：第一類為「反應」（reaction）；第二類為「學習」（learning）；第三類為「行為」（behavior）；第四類為「結果」（results），說明如下：

（一）反應

又稱為滿意度評估，指學員對訓練課程的喜愛及滿意程度，可藉由課程意見表了解學員對課程內容、講師教學方法及口語表達技巧的評價。課程意見表實施的時間點可於課程結束後立即執行，有時也會在受訓結束一段時間後再次測量，在 4 類評估工具中成本最低，也最容易蒐集。

（二）學習

指學員透過訓練學得新知識與技能的程度，如果課程是以知識學習為主，可藉由紙筆測驗（如選擇題、是非題、名詞解釋或簡答題），檢驗學員對知識掌握的程度；如果課程與技能或行為的學習有關，則可以透過「實作測試」（如機器維修）或「角色扮演」，來衡量學員的學習成果，評估實施的時間點通常於訓練結束時立即執行。

（三）行為

指學員將訓練所學知識技能實際應用在工作上的程度，一般可藉由主管或「神祕客」執行行為導向的績效評估量表

衡量，例如使用行為觀察量表（Behavioral Observation Scale，BOS）評估，而評估的時間點為學員結訓回到工作崗位後才會執行。

（四）結果

　　指學員行為上的改變對組織帶來的利益多寡，例如生產量增加 5% 或成本降低 10% 等，評估的時間點為訓練結束回到工作崗位一段時間後（如 6 個月後）進行，這通常也是公司高階主管相當重視的指標。

　　有學術研究報告指出「反應」與「學習」之間的相關性很低，顯示企業組織不能僅因為學員對課程有正面反應，就誤以為學員有學習到課程所教授的知識技能。因此，實務上比較好的做法，是盡可能同時蒐集反應、學習、行為與結果面的資訊，才能精確掌握教育訓練的成效。

　　比較美國人才發展協會（ATD）分別在 2005 年和 2016 年所做的產業調查，可看到愈來愈多企業著手採行柯克派屈克模式的 4 類指標：蒐集難度較高的「結果評估」，比率從 8% 提升到 35%；「行為評估」從 23% 提升到 60%；「學習評估」則從 54% 提升到 83%；「反應評估」則維持在 9 成。由這些數據可知，美國企業界傾向完整執行柯克派屈克 4 種評估工具，藉由蒐集多元指標以展現教育訓練的價值。

　　玉山金控評估訓練的做法頗值得參考，該公司在「希望工程師培訓班」開辦的前後及結束後半年，會進行 3 次考評，評估方式包含了反應、學習、行為與結果等 4 類。以學習面

來說，是透過第三者如同儕角度，去評鑑學員學習或改善了哪些技術；行為面則由單位主管先進行評核，人資單位隨後透過電腦統計分析，發現上課前學員的管理能力平均分數為82分，經過6個月的實務應用後，再次評估則升高為91.4分。

4. 評估設計

評估設計的選擇，需要先考量公司如何界定訓練有效性。若公司認為學員在訓練結束時能達到訓練目標，不管是藉由訓練本身或其他非訓練因素（如自修）所造成，訓練即為有效，此時可採行單組後測的評估設計；然而當公司認為有效的訓練必須是學員的知識技能有改變，且學員的改變確實起因於訓練，則必須採用較複雜的評估設計，如等組前後測，以下為幾種常見的評估設計形式：

（一）單組後測

單組後測（Posttest Only）只有一組人接受訓練，且在受訓後接受評估工具的測試。此方法適用於組織只在乎訓練結束時，學員的知識技能是否達到某一標準，而學員的改變是否肇因於訓練的課程，並非組織關心的重點。

（二）單組前後測

單組前後測（Pretest／Posttest）只有一組人接受訓練，且受訓學員於訓練前與訓練後都接受評估工具的測試，進而比較兩次測驗分數的差異。此種設計較能確定學員於訓練前

後到底是否有所改變，但仍無法確定訓練是否帶來了前後測的改變。

（三）不等組前後測

不等組前後測（Pretest ／ Posttest with Comparison Group）是將員工分為實驗組與控制組，兩組人員均接受前後測，唯一差別在於實驗組有接受訓練，而控制組則沒有接受訓練。要判斷訓練的有效性，可採共變數分析（analysis of covariance）的統計方法，在控制組兩組人員前測分數相同的情況下，比較此兩組人員的後測成績是否真有差異，若實驗組的後測成績高於控制組後測成績時，可以解釋此差異「可能」是訓練造成的影響。

但測驗時必須謹慎挑選控制組的員工，特別是當員工將訓練視為福利時，很難將某些員工排除在訓練課程之外。此時公司可以告訴這些員工，因為場地的限制，他們將被安排在下一梯次的訓練課程；或者仍然讓其受訓，只是給予與訓練目標完全不相關的課程內容。

（四）等組前後測

又稱為真正的實驗設計（true experiment），等組前後測透過隨機分派，將員工分配到實驗組與控制組，兩組人員均接受前後測，唯一差別在於實驗組有接受訓練，控制組未受訓。由於採用隨機分派的方式進行分組，可以確保兩組人員的特性完全相同，因此當實驗組的後測成績高於控制組的

後測成績時，可確認兩組的差異的確是因為訓練造成的。然而，當組織無法採用隨機分派以控制兩組人員特性時，可使用配對（matching）或共變數分析的方法作為替代方案。

國外有一項針對基層主管領導技能訓練的研究，該研究採用等組前後測的評估設計，以隨機分派方式將 20 位學員派去受訓，其餘 20 位員工則為控制組，並以反應、學習、行為與結果面等評估工具，判斷訓練是否有效。研究結果顯示實驗組的員工在各類評估工具的表現，確實比控制組來得好，證實了訓練的有效性。這項研究顯示，企業若對「學員知識技能的改變是否源自訓練」此一問題感興趣，採用等組前後測其實相當可行，這也是比較好的評估方式。

六、結語

知識經濟時代的來臨，企業致勝的關鍵在於人力的素質。因此，企業在面臨員工績效表現不佳時，應該深入探究問題的根源，選擇最適當的解決方法。企業若能正確運用訓練的功能，則可以解決績效問題，並提升人力素質。而訓練最主要的功能就是增加員工的知識技能，讓員工在工作時，能夠勝任愉快，進而促進員工成長，並幫助員工發展因應環境改變的競爭力。

企業應把訓練視為人力資本的投資，並相信員工訓練可以為組織帶來更高的報酬，進而能夠永續經營。

參考文獻

1. Eggleston, L. B., & Kline, P. "Make training more inviting", *Training and Development*, May, pp.15-19, 1995.

2. Goldstein, I. L. *Training in Organizations: Needs Assessment, Development, and Evaluation*, Monterey, CA: Brooks-Cole Publishing, 1986.

3. Latham, G. "Application of social learning theory to training supervisors through behavior modeling", *Journal of Applied Psychology*, 64, pp.239-246, 1979.

4. Noe, R. A. *Employee Training & Development*. 8th ed. McGraw-Hill, 2020.

5. Phillips, J. J. *Determining HRD program costs. In J. J. Phillips, Handbook of Training Evaluation and Measurement Methods*. 2nd ed. pp. 128-149. Houston, TX: Gulf Publishing, 1991.

6. Redding, J. "Hardwiring the learning organization", *Training and Development*, 51, 61–67, 1997.

7. Senge, P. The Fifth Discipline. New York, Doubleday, 1990.

8. Sugrue, B., & Rivera, R. J. *State of the Industry: ASTD's Annual Review of Trends in Workplace Learning and Performance*. Alexandria, VA: American Society for Training & Development, 2005.

9. Wager, R. J., Baldwin, T. T., & Roland, C. C. "Outdoor training: Revolution or fad?" *Training and Development*, March, pp.51-56, 1991.

10. The 2016 ATD State of the Industry Report: Evaluating Learning. Alexandria, VA: American Society for Training & Development, 2016.

11. *The 2019 ATD State of the Industry Report: Talent Development Benchmarks and Trend*. Alexandria, VA: American Society for Training & Development, 2019.

12. Entertainment Software Association. Essential facts about the computer and video game industry, 2019.

13. 數位學習國家型科技計畫結案評估報告，2008 年 3 月 14 日。

14. 國內外數位學習產業現狀與產值調查分析報告，2010 年 11 月 30 日。

15. 廖世傑，〈Kirkpatrick- 教育心理學的觀點〉。參加 ASTD 報告（一），2011 年 6 月 12 日。

16. 賴弘基，〈企業導入數位學習於教育訓練之績效評估——以竹科電子公司為例〉。T&D 飛訊第 91 期，2001 年 3 月 10 日，頁 1 ～ 23。

17. 建華金控：觀察學習法激勵氛圍帶動績效提升，《能力雜誌》，2006 年 6 月號，頁 42 ～ 48。

18. 台積電的野戰訓練，《Cheers 雜誌》，2004 年 4 月號，頁 39 ～ 42。

19. 《管理雜誌》，第 265 期，頁 56 ～ 58。

20.《管理雜誌》第 300 期，頁 110。

21.《就業與訓練》，1995 年 5 月 1 日，頁 55。

22.《就業情報雜誌》，第 344 期。

23. 中華電信：辦公室即教室，隨選即學培育一流電信尖兵，《能力雜誌》，2018 年 9 月號，頁 58 ～ 64。

24. 全安安全工程公司：AR ＋虛擬體感教學，為生命打造真實防護罩，《能力雜誌》，2018 年 9 月號，頁 72 ～ 77。

25. 電競賽激起拚戰氛圍讓員工「沉迷學習」，《Cheers 雜誌》，2019 年 2 月號，頁 72 ～ 75。

26. 玉山金控：尋找跨領域管理的 π 型人，《天下雜誌》，2014 年 6 月號，頁 196 ～ 199。

27. 玉山金控 2018 年，社會企業責任報告書。

28. 國家人才發展獎（案例專刊），2018 出版。

29. 國家人才發展獎（案例專刊），2019 出版。

30. 工研院產業學習網：college.itri.org.tw。

31. 行政院勞動部勞動力發展署：人才發展品質管理系統：https://ttqs.wda.gov.tw/ttqs/index.php#。

延伸閱讀

讀者若對於員工訓練與開發的理論概念以及實務應用有興趣，並對國內外最新發展想進一步了解，可以參考以下相關網站：

1. 工研院產業學習網：college.itri.org.tw。

2. 國家文官學院 T&D 飛訊：www.nacs.gov.tw/Default.aspx。

3. International Journal of Training and Development 的文章：onlinelibrary.wiley.com/journal/14682419 。

4. 美國人才發展協會（ATD）網頁：www.td.org。

總體薪酬管理

一個良好的薪資制度，必須公平對待企業內的所有員工，確保同工同酬；能夠使薪資在市場上具競爭力，具有吸引和保留員工的功能；應考慮員工的表現或對公司的貢獻，以達到激勵的效果；最後，應同時具備溝通與預算控制的功能。

- 薪資管理的原理與原則
- 總體獎酬系統
- 薪資管理目標
- 薪資管理的理論架構
- 設計薪資制度應考量事項
- 薪資結構
- 考量個人貢獻的政策：績效薪
- 薪資成本控制
- 溝通事項

▼

林文政

　　現任中央大學人力資源管理研究所副教授，主要教導
薪酬管理、菁英人才管理、訓練發展以及團隊與領導等課
程，兼任台灣大學工商管理學系暨商學研究所、EMBA 副
教授，主要教導薪酬管理、人力資源管理以及組織行為等
課程。

　　長期以「青梅煮酒論」為主題，從歷史的觀點在雜誌
撰寫管理與領導的專欄，亦曾在多家標竿企業，擔任人資
管理顧問以及教授管理課程。

一、薪資管理的原理與原則

1. 薪資的意義及其決定因素

　　薪資（compensations）是員工執行工作，企業依據其工作職責內容、工作績效表現、個人條件特性，給予各種形式的相對獎酬。此外，薪資易受勞動市場、生活物價水準以及政府相關法規等外在環境因素影響。

　　上述因素影響了薪資高低，其中工作職責、工作績效以及個人條件屬個體因素，而勞動市場供需、生活物價水準以及政府法規屬總體因素，以下分別說明。

（一）個體因素

❶ 工作職責

　　薪資水準是依據員工個人執行職務的價值而定，如果該職務對企業經營有較高的價值與貢獻度，則給付較高的薪資，反之，則給付較低的薪資。職務價值與貢獻度的高低，受該職務所負責任的輕重、工作複雜度、決策範圍大小、督導人數多寡、工作環境危險程度與使用體力多寡等因素影響。

　　這類型薪資或可稱為「職務薪」，薪資水準與個人條件如年資、學經歷或技術水準沒有直接關聯，因此，只要執行相同職務，即給付相同的薪資。此類型薪資給付方式較符合同工同酬的精神，但通常職務較難相互調動而較缺乏彈性，且工作評價內容不一定能反應個別員工對公司的貢獻，以致無法達成真正的公平。

❷ 工作績效

薪資高低由個人工作績效或部門企業績效決定，績效表現良好則薪資水準相對增加。依據個人績效而發給的，如年終績效獎金、營業獎金及生產獎金；依據部門績效而發給的，如史坎隆成本結餘獎金計畫（Scanlon Plan）；依據公司整體績效而發給的，如利潤分享或分紅等。

整體而言，此類薪資較適用於能夠被明確衡量績效的工作，且工作結果員工能掌握、可被合理預期。這類薪資或可稱為「績效薪」，員工個人薪資水準與個人、部門或整體企業績效表現連結在一起，對員工個人而言，具有激勵作用，對企業組織而言，則具有成本控制的效益，然而績效薪對員工而言較沒有保障。

❸ 個人條件

個人條件包括年資、技能等。年資部分，薪資水準依據個人在企業服務年數而定，原則上無論個別員工的工作內容、專業知識與技術有多大差別，彼此薪資並無多大差異，薪資只依個別員工服務年數逐年增加。此類薪資又可稱為「年資薪」，較適用在低職位且重複性高的職務，亦適用於很難觀察、量測工作表現的職務。

年資薪對於員工久任、降低離職率有正面功效，但較無法符合同工同酬的精神，對於相同年資但執行不同職務或擁有不同技能的員工，卻給付相同薪資，容易引起員工產生「給付不足」或「給付過當」的不公平感。

技能部分是指薪資高低依據個別員工擁有的知識、技術

與能力高低或多寡而定，即使員工有相同年資、執行相同職務，但因其知識、技術、能力不同，給付不同薪資。此類薪資又可稱為「技能薪」，通常必須透過證照制度或技能檢定，判定個人技能的層級，作為核薪與調薪的標準。

技能薪通常較適用於必須具有多樣性技術的工作，如專業技術人員和工程師；或較適用於技能會快速更新汰換的產業，如高科技產業；或適用於具有高度彈性且員工須具備多樣性技能的組織中，如團隊組織。技能薪主要依據技能的程度與多寡，作為薪資給付標準，而非工作職責或年資，因此具有較大彈性，並可支持企業技術快速發展的需求。

主要缺點在於，為幫助員工提升技術，企業必須做大量的訓練，同時為判定員工技能水準而要進行技能檢定，這些訓練與檢定會增加訓練與行政作業上的成本，且技能的增加不一定能反應員工對於企業的貢獻。

（二）總體因素

❶ 勞動供需

傳統勞動經濟學指出，工資水準是由總體勞動供需來決定，例如當供給人數（即就業者）不變，而企業需求增加時，企業為雇用到生產所需要的員工，薪資水準就會提高；相對的，如果企業對勞動力的需求不變，而就業人數增加時，就業者為謀就業相互競爭的情況下，企業可以較低的薪資雇用所需的人力，因此薪資水準就在勞動者供需均衡的條件下達成。

勞動供需決定薪資的理論，正可以說明為何目前國內一些供給少、需求大的工作，如軟體工程師、資訊管理、電子相關技術人員，薪資要較一般工作高一些。

❷ 產品市場

產品與服務需求也是影響薪資水準的因素之一，當市場對企業的產品與服務需求增加時，企業會增加員工以符合生產與服務的需求，此時，企業也比較願意提高薪資，吸引及保留所需員工。通常薪資提高後，企業會將增加的薪資成本轉嫁到消費者身上，也就是提高產品或服務的售價，然而這種成本轉嫁的行為，通常要在產品或服務需求較強時，比較容易實現。

❸ 政府法規

政府對於薪資水準的影響，包括直接透過勞動力相關法規，或間接透過財金政策來達到。在直接影響部分，例如「基本工資審議辦法」、《勞動基準法》的加班、特休、工時等相關規定，勞健保以及《兩性工作平等法》的育嬰假，都會直接影響企業在工資與福利的支出。財金政策上，政府稅率與利率的改變，都會間接提高或降低企業薪資成本的負擔能力。

❹ 物價水準

薪資除了代表雇主對於員工勞力付出的相對酬償之外，也包含了保障員工基本生活的內涵，但通常員工領取的名義薪資，往往會因為物價不斷上漲而削弱購買力。因此，企業必須依據物價水準做適度調薪，以「實質薪資」保障員工薪

資所得不致因物價提高而受損。

二、總體獎酬系統

　　薪資系統可分為財務獎酬與非財務獎酬，財務獎酬的性質屬於可交易性的（transactional），包括直接薪資與間接薪資；非財務獎酬的性質則是較屬心理層面（psychological），總體獎酬系統見圖表 4-1。

1. 財務獎酬
（一）直接薪資

　　直接薪資包括固定薪（fixed pay）與變動薪（variable pay），固定薪包含本薪（base pay）、保障薪（guaranteed

圖表 4-1　總體獎酬系統

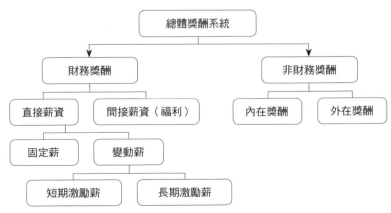

pay）、固定現金津貼（fixed cash allowances）等經常性給付。固定薪應該要符合最低工資的法令要求，以保障員工的基本生活需求。本薪通常與工作或技術本身價值有關，例如麥當勞員工本薪每小時約 160 元，也可能因個人的工作經驗、技術或職等不同而有所區別。

例如美國西方公司（US West Inc）將員工的本薪分為 3 個等級：低等級（新進員工）、中等級（具有經驗或技術的員工）、高等級（具有高級技術的專業員工）。此外，某些公司承諾每年固定給予 2 個月的固定獎金，每年每位員工可保證獲得14個月的薪資，這種保障薪也是屬於固定薪的一種型式。

變動薪屬於績效薪，功能在於激勵員工的績效表現。一般而言，變動薪的名目包括短期激勵薪（short-term incentives）與長期激勵薪（long-term incentives），短期激勵薪如年終獎金，長期激勵薪則如股票選擇權。變動薪通常在一定期間結清，不會累積至下一期，新一期間開始（如一年）會重新核算績效獎金的發放方式，所以不會永久影響人事成本，而且獎金發放多寡隨著公司營運狀況而定，每一期都不太一樣。

（二）間接薪資

間接薪資大部分是指員工福利，有些員工福利是法令（如《勞基法》）規定必須有的，如健保給付、休假日、團體保險、產假、育嬰假等，有些員工福利則不在法定範圍，包括優惠利率購屋貸款、乘坐交通工具、托嬰中心等。

圖表4-2　非財務獎酬的類型

類型	內容
社會性的強化	員工投入、傾聽、拍拍肩膀、尊重、回饋、訓練、各項活動（野餐、慈善日）等，必須要確保所有管理者一同實行，大部分都與領導風格有關，可用來提升士氣與傳遞組織想要賦予員工的價值觀。
象徵性的獎勵	該獎勵代表的意義超過實際花費的價值，通常是指類似「表揚」的獎勵，例如：匾額、戒指、徽章、桌面擺飾、公開宣傳、外套、預留停車位、成為顧問團的一員。

2. 非財務獎酬

　　非財務性獎酬包括內在獎酬與外在獎酬，外在獎酬如私人祕書、特定停車位置、較寬裕的午餐時間、較喜歡的辦公室裝潢等；而內在獎酬則如：工作成就感、團隊運作、較有興趣的工作、個人成長機會、技能學習機會、人力資本累積機會、在職教育機會等，各類型的非財務獎酬詳細說明如圖表 4-2。

　　實施非財務獎酬，可達到與財務獎酬相似的激勵效果，但比現金給付的成本更低、更具有表揚與宣傳效果、更有彈性。惟組織究竟應著重財務或非財務獎酬，須考慮組織策略以及員工的需求性，如職級、年齡、性別的差異等。

三、薪資管理目標

　　薪資管理的目標主要在建立薪資策略、政策與管理實

務，以吸引、保留企業所需人才，維持具競爭力的人力資源並激勵士氣，進而完成企業目標，總體而言，一般薪資管理的主要目標包括：

- 幫助企業聘僱符合企業文化與價值觀的員工。
- 提供薪資報酬以增進員工工作績效，特別是要穩定並激勵高績效的員工。
- 以工作對企業的相對貢獻度為導向，建立各工作間合理的薪資差距，並維持薪資給付的全面均衡。
- 使企業薪資系統，具有隨市場及企業變動而機動調整的彈性。
- 誘發和提高員工的學習意願，藉由人員素質提升，使組織更有可能成長與發展。
- 協助企業達成整體人力資源管理的策略目標、企業整體經營目標。
- 薪資管理的系統應便於解說、了解、作業與控制。
- 薪資為組織重要成本支出項目，必須適當控管。

以美國惠普（HP）為例，惠普公司的薪資管理即涵蓋上述多數目標，例如幫助 HP 吸引具創意且有工作熱誠的員工；使薪資居於就業市場領先地位；反應員工對各單位、部門和公司的相對貢獻度；保持透明且易於解說的薪資制度；確保公平的對待每位員工；使企業具有創造力、競爭力和公平性等。

四、薪資管理的理論架構

1. 公平理論與薪資管理

薪資管理中最重要的議題之一即是「公平性」。在組織行為與人力資源管理領域中，最常被引用的即是亞當斯（Adams, 1965）的公平理論（equity theory），此理論指出，人們會以自己的狀況與他人的狀況作相對比較，判斷是否被公平對待，而非以某些絕對的標準來判斷。

根據這個理論，一個人會以個人所知覺的結果（如薪資、獎金、福利、升遷等）與所知覺的投入要素（如知識、技術、能力、努力程度等）的比值，來與他人的結果和投入的比值比較，以上理論，可用下方公式來說明：

$$\left(\frac{結果}{投入} \right) 自己 \quad \begin{array}{c} < \\ = \\ > \end{array} \quad \left(\frac{結果}{投入} \right) 他人$$

根據公式，自己的（結果 ÷ 投入）比值小於他人的（結果 ÷ 投入）比值時，個人會有「給付不足」的不公平感，相反的，如果自己的（結果 ÷ 投入）比值大於他人的（結果 ÷ 投入）比值時，個人會有「給付過當」的不公平感。只有當比值相等時，才會處於感覺公平的狀態。

以上因個人比較而產生的是否公平的問題，完全根據當事人的感覺而定，一旦個人感覺公平，個人的行為與態度通常不會作任何修正或改變，相反的，如果個人感受到不公平

時，個人將採取行動來改變不公平的情形，這些行動包括：

- 降低投入：不再像以前那麼努力工作。
- 增加結果：如要求加薪、公物私用等。
- 要求他人改變投入：要求或說服同事更努力工作。
- 離開不公平的環境：選擇離職，或拒絕與其認定獲得較佳待遇的員工共事合作。

公平理論在薪資管理上有何意義？首先，員工會比較自己和別人的薪資，而就比較的對象而言，員工會與其他公司擔任和自己相似工作的員工薪資作比較，如果比較的結果覺得是公平的，稱之為外部公平（external equity），這類比較不但會影響員工的工作動機，甚至會讓員工決定是否要調職或離職。為了解決此種組織外薪資比較的問題，薪資調查是解決方案之一，可降低員工知覺不公平的現象。

另一種不公平的來源是組織內的比較，又可細分為與不同工作和相同工作薪資上的比較。在與不同工作的比較上，員工會與較簡單、難度相似、難度較高的工作相比較，如果員工感覺公平，就稱之為內部公平（internal equity）。但如果員工覺得無論執行哪類工作，薪資都相同時，會影響員工晉升與調職的意願，也可能讓員工傾向於不與其他部門合作等。為了要解決此種不公平的現象，組織可進行工作評價，建立公平合理的工作結構，使工作難易度與薪資高低相連結。

至於在與執行相同工作的員工比較上，當員工感覺執行相同工作有相同的待遇，稱之為個人公平（individual

equity）。但若員工感覺待遇不同時，組織為解決此種不公平的現象，可以採取兩種解決方案，第一種方案與前述相同，即是進行工作評價以設計工作結構，使薪資給付符合「同工同酬」的原則；第二種方案為設計公平的績效評核辦法，以辨識執行相同工作的不同員工，各自的貢獻差異。

　　近年來，公平的觀點除了重視結果的公平外，更推展到強調分配決策的程序公平。當員工認為分配結果的決策過程是公平的時候，員工就會受到激勵而有好的績效表現；相對的，若員工認為主管忽略他們的貢獻或主管有個人偏見，以致無法正確評估績效時，員工將不會受到同等強度的激勵而表現出高工作績效。

2. 雙因子理論與薪資管理

　　與薪資管理有關的另一個重要理論是雙因子理論（two-factor theory），賀茲伯格（Herzberg）根據訪談結果，把影響人們工作的動機因素歸類為兩種類型：激勵因子（motivation factors）與保健因子（hygiene factors）。

　　如圖表 4-3 所示，激勵因子是由工作本質或個人內在所產生的因子，如工作成就感、個人成長、升遷機會、工作挑戰性、工作輪調、專案執行等；保健因子則是工作本質或個人以外的因子，如薪資、公司政策、人際關係、工作環境等。賀茲伯格進一步指出，增加保健因子雖可消除對工作的不滿足，但卻無法使人們獲得滿足，而只有在激勵因子出現時，人們才會產生工作的滿足感。

圖表4-3　賀茲伯格雙因子理論

保健因子（Hygiene Factors）	激勵因子（Motivation Factors）
薪資（salary）	成就感（achievement）
監督（supervision）	認同（recognition）
人際關係（interpersonal relations）	責任（responsibility）
公司政策（company policy）	成長（advancement）
工作條件（working conditions）	工作本身（the work itself）
工作安全（job security）	

　　基於這樣的論點，我們可將賀茲伯格的保健因子類推到馬斯洛（Maslow）需求層級理論（hierarchy of needs theory）的生理、安全等較低層次的需求，而將激勵因子類推到馬斯洛的自尊與自我實現等較高層次的需求。

五、設計薪資制度應考量事項

　　一個良好的薪資制度，必須公平對待企業內的所有員工、能夠使薪資在市場上具競爭力、應考慮員工對企業的貢獻予以激勵，以增進其工作績效、應同時具備溝通與預算控制的機制等 4 個要向，分別說明如下。

1. 內部公平性的政策事項：薪資架構

　　設計薪資制度第一個要考量的政策要素是內部公平性，

其具體呈現即是內部的薪資架構。所謂內部的公平性是指，薪資給付依據工作職責或個人條件而有所不同，薪資結構即是針對內部公平給付而設計，例如某些工作因為職責較多、複雜度較高、督導人數較多、工作安全衛生條件較差、所需知識與技術較多等因素，給予較高的薪資，反之，則給付較低的薪資。

換句話說，薪資給付是依據工作或員工個人，對企業價值的相對貢獻度而決定，這就是內部公平性的本質。一個公平的薪資架構具有多方面的功能，米可維奇與紐曼（Milkovich & Newman, 2001）認為，其中包括了引導兼具公平與激勵性的職涯發展體系，並能夠減少員工薪資不公平的訴願，降低離職率。

為決定內部公平的薪資架構，最普遍使用的工具即是工作分析與工作評價。

（一）工作分析

工作分析（job analysis）是系統性的蒐集與工作相關重要資訊的程序，工作分析在本質上是做調查研究，根據工作的事實，分析及界定其執行期間所需要的知識（knowledge）、技能（skill）、經驗（experience），和所要擔負的責任程度，進而訂定執行工作時需具備的資格條件，典型的工作分析要蒐集的資訊包括：

- 工作活動：員工何時、如何及為何執行一項活動。
- 人類行為：包括工作要求事項，如必須抬多重的物

體，走多遠的路。

- 工作所使用的機器、工具、設備及輔助器材。
- 績效標準：員工工作數量或工作品質的績效評估標準。
- 工作內涵：包括工作環境條件、工作時間、必須與誰聯絡、和哪些人往來，以及完成工作後的可能獎勵等訊息資料。
- 人員條件：適合從事該工作的人員條件，如知識與技能，以及個人特質等。

依據工作分析結果，可產出兩項書面資料，即工作說明書（job description）與工作規範（job specification）。工作說明書主要是描述該項工作或職務的內容；而工作規範則是根據工作說明書的內容，訂定完成工作職務應具備的資格條件。實務上，多數企業會將上述兩項文件合而為一，統稱為工作說明書。工作分析的程序可區分為 7 個步驟，如圖表 4-4 所示。

圖表4-4　工作分析7步驟

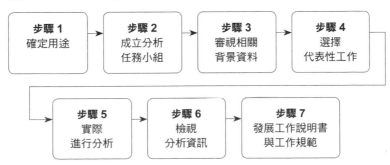

步驟 1：確定工作分析用途

工作分析的用途相當廣泛，蒐集的資料可作為工作設計、招募徵選、教育訓練、績效評估、薪資福利、人力規劃等相關人力資源管理活動的參考。由於不同用途的工作分析，需要蒐集的資料型態以及蒐集資料的方法不盡相同，所以在正式展開工作分析之前，需先確認工作分析的目的。

步驟 2：成立分析任務小組

依據分析的目的、特質、採用的方法，決定負責分析工作的人選。一般而言，負責人通常是熟悉工作分析的人力資源主管，若需應用某些特殊分析方法時，則會借助外界專業人士的協助。

步驟 3：審視相關背景資料

組織架構圖、工作流程圖和現有工作說明書等資料的取得與審視，可協助了解每個工作在組織當中的重要程度，以及區別各工作的複雜程度。

步驟 4：選擇具代表性工作

工作分析相當耗時費力，因此面對許多性質相似的工作時，不需要對每項工作做全面性與普遍性的分析，只要選取具代表性的幾個工作進行分析，再針對性質相近的工作進行歸類與調整。

步驟 5：實際進行工作分析

工作分析主要是針對現職工作者及其主管進行資料蒐集，以獲得員工工作時所需的知識、技術、方法、行為等資訊。進行工作分析可採用許多分析方法，包括觀察法、問卷

法、訪談法等，每項方法都有不同的適用情境和目的。

步驟 6：檢視工作分析資料

工作分析負責人員在完成工作分析資料蒐集整理後，應請受訪或接受調查的工作人員及其主管進行確認，以確保資料的正確性與完整性，並可讓員工較容易接受工作分析的資料與結果。

步驟 7：發展工作說明書與工作規範

工作說明書與工作規範是工作分析後的具體成果，根據這兩項資料，可了解工作的活動內容與職責、工作關係、績效標準、工作環境，以及從事該項工作需具備的資格、特質、技能與相關條件等。

（二）工作評價

工作評價（job evaluation）是組織運用系統性的方法，評估各工作間的相對價值，以尋求促進組織內部公平目標的技術。工作評價強調的是分析工作本身，而非工作者的能力及人格，為的是有系統的比較、評核各類工作的內容及價值（對企業的相對貢獻），以建立職務或工作為基礎的薪酬制度（job base pay system）。

工作評價最主要的目的，是以各項工作職務對企業的貢獻，作為工作職務價值相互比較的基礎，進而釐清並界定公司內工作價值的高低順序，建立一個合理化、系統化的工作價值體系，而此工作價值體系就是內部公平性政策的具體成果。除了上述目的之外，工作評價也是企業進行外部市場薪

資調查、建立最終薪資架構的基礎。

工作評價有 4 個主要方法：列比法、分類法、因素比較法和因素計點法，是依據 3 個要素來區別：（1）整體工作內容或某些特定因素來作評價；（2）工作與工作間彼此比較，或是工作與某些特定標準相比較；（3）評價過程是質化或是量化。

❶ 列比法

列比法（job ranking）是基於整體性因素考量，例如工作重要性、困難度等，將整個工作與其他工作的內容或價值相互比較的一種工作評價方法，例如逐次輪較法、配對比較法、平均計分法，都是列比法常用的工具。列比法是最簡單、最快速、成本最低的工作評價法，但通常不建議採用，因為它沒有特定評估標準，易流於評估者主觀判斷，使得評價結果很難解釋與判斷，通常較難被員工接受。

❷ 分類法

分類法（grading method）將工作內容及其價值事先分類或定出層級，每一等級以標準的描述方式來定義，再依據擬定的類別說明書，將各項工作職務歸類進去。

分類法適用於工作內容穩定且較少工作職系的組織，公共部門或政府機構大多使用此工作評價方法。此種方法類似列比法，但列比法是先排列後歸等，分類法則是先列等後排列，優點與列比法相似，缺點是當工作層次或程度較多時，無法將工作詳細分類，且程序較簡化，主觀成分過強，易產生評價誤差。

❸ 因素比較法

因素比較法（factor comparison method）必須先選出適當的可酬要素作為評價標準，然後將標竿工作依可酬要素上的相對重要性予以排列，並將現行薪資比率分配於選定的因素上，最後再按照因素比較結果，分配其他工作的薪資多寡。因此，因素比較法主要是根據兩個指標來評價工作：（1）可酬要素；（2）評定可酬要素重要性的點數或薪資水準。

此法整合工作評等與工作定價，將工作與工作間作雙重比較分等，因為屬因素列比，工作評列易於進行，但缺點是可酬要素的配薪作業困難度較高。

❹ 因素計點法

因素計點法（point-factor method）是最普遍的工作評價方法，主要精神是將工作評等（evaluation）與工作定價（pricing）分開處理。進行工作評估前，其相關可酬要素（compensable factors）與層級（degree），可依職位需要而定。因素計點法的優點為所有職務評估過程一致，因此可提高內部一致性。另外，因為具彈性，也容易修改及調整；缺點是只以可酬要素進行評價，可能會漏列其他影響因素，也比較耗時，成本較高。

因素計點法與因素比較法相似，但又可更為複雜，此方法有 3 大特徵：可酬要素的使用、可酬要素的等級分類（degree）、依可酬要素重要性的高低設定權重（weight）。因素計點法之實施有以下 10 項步驟：

步驟 1：工作評價委員會的組成

工作評價結果對於企業薪資制度有重大影響，為了顧及客觀性及公正性，委員組成可依專業度、熟悉度（對企業整體及標竿工作）、成員分布性（不同功能部門）等3個面向來考量。

步驟 2：工作評價委員會前置訓練

工作評價是由評價委員會成員進行，因此成員對各工作的了解是一項重要基礎。進行工作評價前，對評價委員會的前置訓練，攸關工作評價成果的品質。

步驟 3：標竿工作的選取

標竿工作（benchmark jobs）是指工作結構中具代表意義的工作，一般是選取事業單位內，大多數從業人員所執行或較重要的工作，挑選過程中有以下幾個原則：

- 穩定性：工作內容具較高穩定性及改變幅度較小。
- 多數性：依關鍵工作內容且職位數較多的工作來進行評價。
- 完整性：必須能涵蓋全部評價範圍，包含從最低薪資至最高薪資的工作。
- 代表性：代表某一功能部門的主要職位。
- 具比較基礎：在其他公司亦有相對應的職位，以便作為薪資調查比較的基礎。
- 比例：標竿工作約占所有工作職位的40%～60%左右。

步驟 4：選取可酬要素

選取公司重視且據以給付大部分職務的可酬要素，作為工作評價的基礎，常見的可酬要素有：專業知識技能、犯錯

嚴重性、決策重要性、內外部溝通、工作變化與複雜性等。

可酬要素選取原則包括：可酬要素必是可衡量、彼此獨立、與被評價的各項工作攸關且可有效的在不同工作中被區別出來，可酬要素應為參與其中的各團體接受，以及不同工作對所選擇的可酬要素不同。

步驟 5：定義因素層級

因素層級的目的是測定各工作間，在同一要素上的相對難度或重要性，圖表4-5為「決策重要性」各層級內容的範例。

步驟 6：決定計畫總點數與可酬要素權重

各項可酬要素的權重，則是反應各可酬要素的相對重要程度。

步驟 7：決定工作評價的計畫數

不同工作內容（職系）採用相同或不同評價方法的決策，一般分為單一與多重計畫兩種。

圖表4-5　決策重要性之各層級說明

層級	說明
1	在日常工作範圍內做一般性判斷與決定
2	在既定政策下時有重要的決定
3	在概括性的公司政策下做重要的決定
4	對公司日常營運有影響的重要決定
5	對公司繼續經營與未來發展有嚴重影響的重大決定

步驟 8：計算各標竿工作分數

求出各標竿工作的個別因素得分，予以加總，即可計算出各標竿工作的分數。

步驟 9：建立工作價值體系

進行各標竿工作的評價後，參照各職位所得到的總分，進行等級的擬定，在各等級中配予適當的點數，以使各標竿工作納入適合的職等（grade）中。

步驟 10：建立職等體系

將評價後的職位，依評價分數歸屬各個職等。

圖表 4-6 為因素計點法的典型範例，每項工作的重要性與價值，透過總分的配分高低來排序，以達到「內部公平性」的薪資目標。在圖表 4-6 中，總點數設定為 500 點，可酬要素分別是工作職責、工作複雜度、經驗與技術以及決策 4 大項目，並依可酬要素對企業價值的高低，給予不同權重。其中，工作職責占 40%，代表其重要性最高，而工作複雜度占

圖表4-6　因素計點法特徵：可酬要素、等級與權重

可酬要素	權重	各等級與點數分配					總點數
		1	2	3	4	5	
工作職責	40%	40	80	120	160	200	200
工作複雜度	10%	10	20	30	40	50	50
經驗與技術	20%	20	40	60	80	100	100
決策	30%	30	60	90	120	150	150

10%，代表其相對重要性低。

假設公司的人力資源經理，在各項可酬要素的評價上，工作職責的程度為 4（對應圖表 4-6，點數為 160 點），工作複雜度為 3（對應點數為 30 點），經驗技術為 3（對應點數為 60 點），決策為 4（對應點數為 120 點），那麼此項工作的評價總分為 160 ＋ 30 ＋ 60 ＋ 120 ＝ 370。

一旦完成工作評分，則可根據所有工作評分的高低順序，依企業的文化特性、工作職務多寡、工作間技術與晉升關聯性，將所有工作分類成不同的工作階層。在同一階層內的所有工作，其價值相同；而不同層級者，層級愈高者（因工作評價分數愈高），價值愈高，企業應給付較高的薪資水準。

2. 外部競爭性的政策事項：薪資水準

外部競爭性（external competitiveness）是指企業與企業間，薪資水準高低的關係。這個政策事項特別著重與競爭廠商間薪資的比較，而薪資水準的決定即外部競爭政策事項的落實。

（一）薪資調查

一家公司薪資的外部競爭力，主要包含兩個部分，一是公司支付薪資水準的高低，二是公司薪資的組成方式，如本薪、津貼、獎金、福利、股票等。

企業若想了解給付的薪資是否具競爭力，主要手段之一就是薪資調查（salary survey），透過蒐集市場上相關產業薪資

資料，了解外部市場薪資情形，對照企業內部實際薪資狀況，分析企業薪資是否具外部競爭力，並依照企業本身的特性、文化、支付能力等條件，彈性且有效率的調整薪資結構，完成企業薪資政策擬定，達到吸引與留任人才的目的。

因此，為實現外部公平、確保競爭力，企業應該實施外部市場薪資調查、設定整體薪資政策、連結市場資訊到內部薪資結構上。若說工作評價是建立內部薪資公平的重要手段，那麼薪資調查則是維持外部薪資公平的主要方法。換言之，薪資調查結果就是幫助企業評估在相同人力庫中，該企業提供的薪資福利，是否具市場競爭力，能不能吸引各職階求職者加入或留任。

通常薪資調查會針對同業或地區範圍內，相關定義明確且具比對意義的職務進行薪資資料蒐集。資料經分類、整理後，企業就能比較內部薪資與其他相關企業薪資的差異，作為設定薪資給付的標準。

此外，為保障提供資料公司的薪資保密性，所有調查資料都經過統計排列，在報告中不會看到任何個別公司的薪資資料，只會看到依照百分位數（percentile）排列的薪資資料，企業可以從中比對每一個職務的薪資水準，大約落在市場上的哪個百分位置。

由於薪資調查的資料會與行業、地區勞動力的供需、工會組織、經濟成長及生活水準等因素密切相關，且因為這些因素會不時變動，所以薪資調查必須在定期進行的前提下，保持機動性，有時為了特殊需要，還可能必須專案處理。

大多數公司都會參加薪資調查，或自行蒐集市場薪資資料，雖然有些公司會廣泛參加各種不同的薪資調查活動，但通常只依賴少數幾個薪資調查的結果。薪資調查的目的包括：薪資水準的調整、薪資組合形式的調整、薪資結構的調整、特殊人才薪資資料的評估。

❶ 薪資水準的調整

薪資調查的主要目的在於了解競爭者新資的現況，適時、適當回應競爭者調整金額或幅度。通常企業依據生活物價指數、年資或個人績效調薪，而薪資調查結果，可以讓企業同時了解整體市場與競爭廠商薪資改變的情形，使企業得以此資料作為調整依據，確保競爭優勢。

❷ 薪資組合形式的調整

薪資組合的形式主要包括「本薪」、「獎金」、「津貼」和「福利」，此外亦有「固定薪」和「變動薪」的組合模型，或者「即時給付」與「遞延給付」的組合類型。薪資組合形式的改變，代表企業改變了激勵員工的方式與內涵。

例如公司增加以工作績效（包括個人、部門或公司）為基準的「變動薪」比例，舉例來說固定薪與變動薪比從 9：1 改為 8：2，表示公司加強了員工薪資與績效間的連結，這種改變將使員工的行為更趨於績效導向；再如公司增加「遞延給付」（如有 3 年買賣限制的股票購買計畫，或其他股票選擇權）的薪資名目與比例，可提高員工續留公司的意願。

這些薪資組合形式的改變，都將改變員工的行為，因此薪資調查的結果可幫助企業了解，競爭者為激勵員工行為做

了哪些薪資組合的改變，並因此適度調整予以回應。

❸ **薪資結構調整**

薪資調查另外一個主要的目的，在於了解公司給付給員工的薪資水準，與競爭廠商相類似工作的給付水準是否相當，例如公司內品管工程師與研發工程師給付同等級薪資，但薪資調查結果，研發工程師高於品管工程師一等而有較高的薪資水準時，公司就需檢討工作評價系統以調整評分，或調整兩個職務間薪資的差異。

❹ **特殊人才薪資資料評估**

有些公司內部會雇用一些較特殊或較稀有的專業人才，例如法務人員、資訊管理人員、軟體工程師等，一些新興行業如網路（dot-com）公司則需招募新的專業人才，這類企業必須從事另外的薪資調查，或必須找非常恰當的產業、職務來比對薪資。

例如一般製造業或服務業公司的資訊管理人員（MIS）薪資，除了要與競爭廠商比較外，也應考慮與電子、資訊、半導體等產業中的資訊人員薪資作比對；再如企業中的法務人員，除了在同業別進行薪資調查外，也應考慮另外針對法律事務所的法務專業人員，進行薪資調查及薪資比對。

（二）薪資調查對象

要調查薪資水準、組合形式和結構時，必須先定義出哪些是要調查的對象，這些對象通常包括：

- 提供相同產品或服務的產業。

- 提供相同產品或服務的企業。
- 使用相同技術的職務。
- 員工願意到公司工作的地理區域範圍。

但就第 4 項而言，不同層級或類別的工作，要調查的區域範圍通常有些差別。例如生產作業員、行政文書類人員及技術類人員，薪資調查的範圍通常是地方性（如大台北地區、新竹科學園區、台中市、高雄市等）以及區域性（如北部地區、中部地區、南部地區）。至於工程師級與管理類人員，除了地方性、區域性外，應擴及全國性甚至國際性的範圍。最後如高階主管，薪資調查範圍通常多以全國性以及國際性為主。

（三）薪資調查方法

每一項薪資調查皆以簡單為指導原則，無論調查的家數、工作與內容，都以精簡為原則，複雜性高可能降低受調查者的參與意願，薪資調查有以下 3 種主要方法：

❶ 標竿工作調查法

通常在進行工作評價時，評價標竿工作即可，不必進行全面性評價。在此階段進行薪資調查以達到外部競爭的政策時，也有所謂的「標竿工作法」，而非全面調查法，目的即在於前述的簡單化。

一旦採用標竿工作調查法，選取的標竿工作，必須工作內容已相當穩定，而非最近新增或變動的工作，應是產業中既普遍性，且有相當一部分的人擔任的工作。

如果薪資調查的目的，是針對全公司薪資結構的所有工作時，就必須通盤考量標竿工作的選取，例如高階、中階與基層都必須選取適當的標竿工作，或者在製造、財務、品管、人資、研發、行銷等不同功能中，選取標竿工作以進行薪資調查。

標竿工作調查法，是將公司與市場調查的標竿工作兩相對照與契合，決定公司薪資水準、組合形式與薪資結構的薪資調查法。要進行公司與市場工作的契合與對照，方法有許多種，但多數調查都會詢問參與公司，所要調查的工作與標竿工作契合程度，例如自己公司的工作和標竿工作相比，是否價值較高、價值多一些、價值差不多、價值少一些、價值較低。

另外，若一些企業共同使用某些企管顧問公司所發展的工作評價方法，則這些公司在進行薪資調查時，只要比對工作間評價點數的多寡，即可當作薪資調查的參考資料。

❷ 標竿工作轉換法

作薪資調查時，如果發現公司的工作與市場標竿工作很難契合，可運用轉換市場薪資的方法，將公司與市場的工作相契合與連結。這種方法主要透過簡單的工作說明書作為溝通工具，了解公司工作與市場工作間的差異，並作為市場薪資調整的依據。

舉例來說，當公司比對「訓練發展專員」與市場的「訓練管理師」時發現，其他公司的訓練管理師工作職責、工作複雜度與所需條件，都比公司訓練發展專員的價值高一些，

圖表4-7 大學畢業年數與薪資的關係

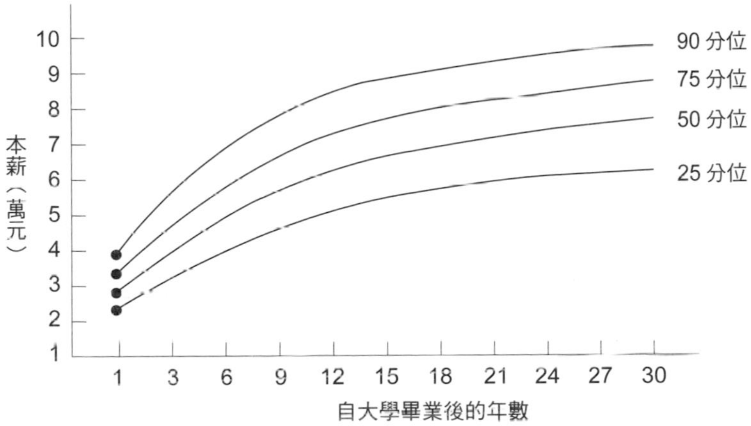

說明：資料包括所有公司的工程師。

市場的訓練管理師薪資是 35,000 元時，可將公司薪資往下做適當調整，如 35,000×0.9 ＝ 31,500 元；但若是市場工作的價值低於公司工作價值時，則可將薪資往上做適當調整，如 35,000×1.1 ＝ 38,500 元。然而這種調整，屬於較主觀的判斷。

❸ 統合性薪資調查法

通常用於較獨特、稀有而個別進行薪資調查的工作類別，是整合所有職務系統（如機械類工程師、電子類工程師、軟體類工程師、所有技術人員等）的一種薪資調查方法。由於統合性薪資調查法，將各類職務的薪資給付水準、畢業年數兩變數相結合，如圖表 4-7 所示，因此經常被稱為成熟曲線法，這種調查法以經驗（如圖表 4-7 的畢業年數），替代前兩種調查法所需的工作資料。

（四）薪資調查的資料

❶ 組織資料

供參與調查企業作為異同比較之用，通常包括公司名稱、住址、聯繫窗口等基本資料，以及企業規模的相關資料，如雇用人數、營業額、淨利等，亦包括企業基本工時的資料，如工作時間分配、休息時間、輪班情形等。

❷ 薪資資料

薪資資料通常涵蓋薪資構成的 4 部分：本薪、獎金、津貼與福利，而此 4 部分又可分成以下 3 類：

- 本薪：屬於工作評價中，各項工作的「價值」。此部分不包含企業以任何形式所給付的額外津貼，或按績效所給付的獎金。

- 現金薪資：包括本薪加獎金與津貼的部分，其中包括長短期激勵獎金、年度績效獎金、年終獎金、紅利、年度生活指數調薪、績效調薪、加班費，以及各類津貼等。

- 全薪：包括本薪、獎金、津貼、股票與福利等，其中福利包括各種法定或商業保險、旅遊、健康檢查、提貨券等。

  但通常因為福利事項調查的內容太過繁複，資料未必有用，因此可詢問花費較大的幾個福利項目，或估計福利項目支出占全薪的比例。

❸ 工作與執行該工作人員的資料

包括調查的工作與市場工作的相似程度，執行該項工作

的人數、督導人數、教育程度、年資、上次調薪的時間等相關資料。

（五）建立市場薪資線

市場薪資線（market pay line）是結合橫軸上的公司標竿職位評價點數（內部工作結構），以及縱軸上的競爭者市場薪資水準（薪資調查）資料，組成的一條回歸線，這條線簡要說明市場上競爭者在不同職等上薪資給付的分布情形。

市場薪資線的功能，主要基於市場無法提供組織所有工作的薪資水準，故透過市場薪資線，用來估計標竿工作以外其他類似工作的薪資水準。

六、薪資結構

1. 薪資結構設計目的

薪資結構設計有以下 3 個目的：內部公平性、外部競爭性及具備彈性。

- 內部公平性：利用工作分析、工作評價等方法，評估出每個職位的相對重要性及薪酬水準，以達到同工同酬的目的；另外，搭配績效評估制度，依據員工貢獻度，決定個別員工應得報酬。

- 外部競爭性：要制定具競爭力的薪資政策前，應根據薪資調查及市場水準，同時考量企業支付能力，來決定企業本身在薪資市場中的定位。

- 具彈性：每年應根據薪資調查結果、企業薪資政策方向，做適當修正，以符合市場趨勢與企業需求。

2. 薪資結構設計

企業薪資結構的制定，主要有 5 項重要設計決策：

（一）單一或多重薪資結構的抉擇

通常企業使用的薪資結構有兩種，一種是單一計畫（single plan），另一種是多重計畫（multiple plan）。企業發展薪資結構時，應依據組織本身的狀況詳細分析後，再決定採取一個或是一個以上的薪資結構，例如，在選擇單一或多重薪資結構時，管理者應考量：

- 是否不同職系的職位，均納入同一薪資結構中？
- 是否所有層級的職位，均納入同一薪資結構中？
- 是否不同事業部的職位，均納入同一薪資結構中？
- 是否同一薪資結構，適用於公司不同地理區域的單位？

就以上的問題，企業可依職位層級不同（例如管理職與行政職）、職位職系不同（例如業務部門與行政管理部門）、不同事業部、不同地理區域的差異等，訂定適合其狀況的薪資結構。因此一企業可能擁有一條以上的薪資政策線，針對不同性質的職位、職系，進行有效的薪酬制度設計，以獎酬與激勵不同職務的員工。

（二）薪資政策線的決定

薪資政策線（pay policy line）是穿過所有薪等等中點薪的一條薪資給付水準指引線。企業薪資政策線的決定，會依公司本身策略發展方向或部門的發展而有差異，有的企業完全以薪資調查後的市場薪資線為準，作為薪資政策的決定基礎，有助於應徵者認知其薪資水準在外部勞動市場的公平性。

有的企業則是先決定本身的薪資政策（領先、中位、落後），再參考市場薪資調查的結果，經比較公司現有薪資與薪資調查的市場薪資線差異狀況後，調整、規劃出公司的薪資政策線，此方法有利決策者維持外部公平性與內部公平性，並確保兩者間的均衡。

企業可以依據策略需要，決定公司的薪資水準在市場中的定位：

- 領先政策（lead policy）：高於市場平均線。
- 中位政策（meet policy）：接近市場平均線。
- 落後政策（follow or lag policy）：低於市場平均線。
- 彈性政策（flexible policy）：依據不同工作職系的需要，訂定不同薪資政策，包括薪資水準的彈性及薪資組合的彈性。

  薪資水準彈性：對公司營運或策略較相關之職系，採取領先政策，較不相關者則採取中位或落後政策，例如企業策略重視產品創新的公司，可設定研發部門的薪資水準採取領先策略，其他部門則採取中位政策。

  薪資組合彈性：不同工作間即使整體薪資的薪資政策

相同，但針對個別薪資組合，採取不同薪資政策，例如公司對於銷售與行政職系的整體薪資都採中位政策，其中行政職系不論固定薪與變動薪，都採中位政策，但在銷售職系的薪資組合中，為了提高變動薪（如銷售獎金）的比例，其變動薪採領先政策、固定薪則採落後政策。

（三）薪資等級數目規劃

當公司擬定薪資政策後，接下來就是規劃薪資結構。首先，要規劃職等數目的多寡，此一決策考量多取決於組織規模、組織層級、工作結構複雜程度、組織晉升政策，以及單一或多重薪資結構。以台灣中小企業現狀來說，一般多規劃為約 10 ～ 15 個職等，而較大型企業可達 20 個之多；若以採行扁平寬幅制的組織而言，則約為 5 ～ 10 個。

職等的規劃大多會將工作性質類似、責任相近的職位歸為同一個等級，歸類方式則是依據工作評價點數的高低，作為分級基礎，再將此點數轉換成薪資等級。

韓德森（Henderson, 1985）認為，沒有任何方程式可以決定適合的職等數目，企業若採用很多薪資等級，需要讓每個工作都能明確的被區辨出來，否則就不要使用那麼多薪等；反之，若採用較少的層級，會導致無法顯著辨認出工作間薪資的差異。華倫斯與費伊（Wallance & Fay, 1988）則建議可以考慮以下的因子：（1）被評估的工作數目；（2）工作在組織中所屬的層級；（3）工作間的回報關係。整體來說，組織中

有愈多層級，就需要愈多薪等數目。

（四）各職等薪幅設計

薪幅（pay range）又稱為薪資全距，是指薪資給付幅度，通常以百分比來表示。薪幅是根據組織內，該薪等工作員工由生疏到純熟，再由純熟到精通需經歷的時間，以及由薪資調查結果來決定。一個薪幅包括最低薪（minimum）、中點薪（midpoint）與最高薪（maximum），薪幅一般有兩種計算方式：高低薪法以及等中點薪法。

❶ 高低薪法

計算公式與範例如下：

$$\frac{最高薪 - 最低薪}{最低薪} \times 100\%$$

若最高薪 9 萬元、等中點薪 7 萬 5,000 元、最低薪 6 萬元，則薪幅依公式計算後為 50%。

❷ 等中點薪法

計算公式與範例如下：

高於中點薪的薪幅（range spread above midpoint）：

$$\frac{最高薪 - 等中點薪}{等中點薪} \times 100\%$$

低於中點薪的薪幅（range spread below midpoint）：

$$\frac{最低薪－等中點薪}{等中點薪} \times 100\%$$

若最高薪 9 萬元、等中點薪 7 萬 5,000 元、最低薪 6 萬元，則高於中點薪的薪幅依公式計算後為 20%；低於中點薪的薪幅則為負 20%。以上兩種薪幅的關係以圖表 4-8 說明。

薪幅的大小通常與工作重要性、價值與所需技能有關，工作重要性、價值與所需技能愈低，薪幅愈小，反之，其薪幅愈大。

技能需求度較低的工作，通常多屬於剛進入公司階段的工作，這些工作較容易熟練，對公司的相對貢獻度較低，此外，對於年資較淺的員工，需要提供更多晉升機會，因此，較小的薪幅設計較為恰當。相反的，對於技能需求較高、重要性較高的工作，由於要達到熟練程度需要較長的時間，且這些工作對公司的貢獻度相對較高，因此，其薪幅設計較為

圖表 4-8 兩種薪幅的關聯性

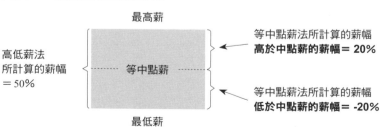

寬廣則較恰當。

實務上，合理的高低薪法薪幅範圍大概介於 15% ～ 100%；行政職、技術工作、輔助性專業人員的職系，介於 15% ～ 40%；基層主管以及專業工作的職系，介於約 30% ～ 50%；中、高階主管的薪幅，則介於 40% ～ 100%。

此外，薪幅的寬度亦必須能反應工作績效表現不同的差異。若在 特定工作崗位上努力工作，卻不能顯著影響工作表現，薪幅應該相對小一點。最後，薪幅的寬度也會受員工預期服務時間長度的影響，對於薪資在該薪幅已經達到頂端的員工，若發現未來已經不可能增加薪資，或是增加上有所限制，將可能影響留任意願，那麼組織的薪幅或許會需要一個較寬的距離，以提供員工薪資長期成長的空間。

（五）職等間重疊率

韓德森（Henderson, 1994）指出，重疊率（range overlap）理論含意是，兩個相鄰薪等工作內容，彼此間職責及所需技術、能力的相似程度。以重疊率 70% 來說，即是指上下兩薪等工作所負職責、所需知識、技術與能力，有 70% 相似程度。適當的重疊率可提供年資較長、績效較佳的低薪等員工，比新進公司且較經驗少的高薪等員工，得到較高的薪資，重疊率的計算公式與範例如下：

$$重疊率 = \frac{較低薪等的最高薪 － 較高薪等的最低薪}{較高薪等的最高薪 － 較高薪等的最低薪} \times 100\%$$

　　若較低薪等的最高薪為 4 萬元、較高薪等的最低薪為 3 萬元、較高薪等的最高薪為 5 萬 5,000 元，則依公式算出的重疊率為 40%。

　　兩職等間重疊部分（如圖表 4-9 的陰影區域），表示相鄰兩職等之重疊比率。實務上，薪等重疊率宜在 40% ～ 50%，以不跨越 3 個職等的重疊為原則。一般而言，兩職等間重疊部分愈大，表示企業薪資結構愈欠缺激勵效果，因為員工在較低職等的工作責任輕、工作複雜度低，卻可領取和較高職等相差無幾的薪資，會影響其他員工向上晉升的意願，也無法有效激勵員工提升個人績效。

　　此外，阿姆斯壯與莫利斯（Armstrang & Murlis, 1994）指出，如果重疊率過大（如圖表 4-10 所示），當較低薪等的員工晉升到較高一薪等時，通常會超過該薪等的中點薪，甚至接近最高薪的位置，如此一來，員工調薪的空間就很小，不利於激勵員工。相反的，如重疊率太小或甚至沒有重疊（如圖表 4-11 所示），將使得低薪等的員工，較無平行晉等的機會，一旦晉等，其薪資將大幅調升，另一方面，亦將使高薪等的初入公司資淺員工薪資，遠高於低薪等但較資深的熟練員工。

七、考量個人貢獻的政策：績效薪

　　透過工作分析、工作評價與薪資調查等做法，可以達成內部公平與外部競爭的薪資政策，但是應如何給付薪資給個別員工？兩位執行相同工作的員工應如何給付？

圖表4-9　薪資政策線與重疊率

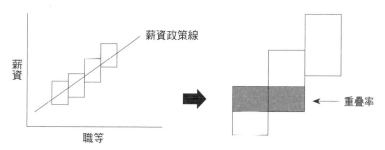

圖表4-10　兩職等間重疊率過大

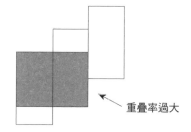

圖表4-11　兩職等間重疊率過小

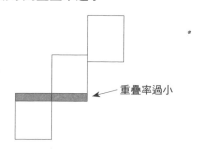

　　例如公司決定給付給品管工程師 3 萬～ 5 萬元，但對於每一位品管工程師應如何給付？績效表現好的員工，是否要比表現差的給付多一些？如果是，差別應該有多大？對於公司降低成本或提高利潤有貢獻的員工，是否應給予具體獎勵？如果是，企業應設計何種制度獎勵？獎勵形式為何？這些問題都涉及如何獎勵個別員工的貢獻與績效，如果無法對這些問題提出適當政策，薪資制度將產生負面效果。

　　凡是符合以績效標準為給付基準的薪資，統稱為績效薪給（pay for performance），而績效薪給又分為功績薪與激勵薪兩大類。

1. 功績薪

　　功績薪（merit pay）為績效薪的一種形式，就特定層次而言，功績薪是以個別員工過去績效表現作為評比基礎，據此進行個人薪資調整。個人過去的績效評等，決定其本薪增加的多寡，一旦增加，則成為本薪的一部分，功績薪的重要性在於它是組織文化的重要象徵，顯現攸關組織相關的效能。

　　功績薪與其他激勵薪最大的不同在於，它是一種依據主觀、個人與整體性績效，調整個人本薪的一種固定薪型態薪資，而不是依據可衡量的客觀性、群體性及單次績效加發獎金的一種變動薪型態薪資。

　　此外，功績薪通常基於較長期而非某個時點的評估成績，可被視為兩階段心理歷程。績效調薪在第一階段的心理歷程中，主要是肯定員工過去的工作表現；而在第二階段的

心理歷程中，則主要是透過實際調薪來激勵員工在未來的時間，能持續有好的工作表現。

（一）功績薪理論基礎

許多理論支持了功績薪的設計，在經濟理論方面，包括效率工資理論和邊際生產力理論；行為理論方面，包括期望理論（expectancy theory）、公平理論、目標設定理論和增強理論，其中以期望理論最為重要，期望理論的基本架構如圖表 4-12 所示。

期望理論屬工作動機理論的一種類型，理論內容是說明一個人的工作動機（是否願意更努力工作），主要受以下 3 個因素影響，缺一不可，若其中一項數值很低，將會嚴重影響員工的工作意願，努力工作的意願＝期望（E）× 工具（I）× 價值（V）。

❶ 期望（Expectancy）：努力與績效的關係

期望是指個體覺得自己努力後，能達到某種績效的可能性高低（努力與績效的關聯性）。當一個人努力工作而預期會有好的績效成果時，工作動機愈強，會愈努力工作。

圖表 4-12　期望理論架構圖

❷ 工具（Instrumentality）：績效與獎勵的關係

工具指個體相信當績效達到特定水準時，能得到某種期望結果的程度（績效與酬償的關聯性）。當一個人有好的績效表現，因此能獲得相對的獎勵時，亦即績效與獎勵間有正相關，會有更強的工作動機。

❸ 價值（Valence）：獎勵的價值

價值是指獎酬的內容必須符合員工需要，同時必須具有足夠的激勵性。一個人努力工作而獲得良好績效表現的肯定，也能因此獲得應有的獎勵報酬，但若獎勵內容或形式工作者並不喜歡，即使這些獎勵很大，對受獎者而言也沒有價值。

由以上期望理論的簡要闡述，可了解在功績薪執行時，要注意以下 3 點。

第一，要有良好設計且具公平、合理的績效考核制度，使考核結果具信度與效度，並能符合程序公平與結果公平，工作績效考核的結果，能真實反應個人工作表現，如此才能激勵員工的工作動機。

第二，考核成績必須與績效調薪緊密結合，如果績效調薪與考核結果無法連結，將殘害員工努力工作的動機。

第三，功績薪的內容應符合員工需求，例如功績薪的發給是否要考慮部分年資因素？要以現金或福利的方式發給？要以加在本薪的方式調整，或是以一次整筆給付的方式發給？以絕對薪額或百分比的方式作為調薪的計算基礎？這些功績薪內容的差別，都會影響員工對功績薪價值的認知。

2. 激勵薪

激勵薪（incentive pay）的目的在於，希望透過獎酬的方式激勵員工，提高員工的工作動機，達到更好的績效表現，所以激勵薪資並沒有固定的方式，但基本設計原理，是希望設法將薪資給付與員工工作績效表現連結在一起，使員工了解，如果要獲得較高的報酬，必須付出更多努力，達到更好的績效表現。

激勵薪的做法，通常都是在固定的薪資額度上，另外設計其他變動薪，而員工薪資的變動，就隨著工作績效表現而增加或減少，藉此將個人與企業目標結合。近年來，實務界與學術界都有一項共識，就是盡量提高具激勵性質的變動薪比例，以強化薪資報酬和員工工作績效之間的連結。

例如股票選擇權、員工分紅入股計畫、利潤分享、節餘分享等，是現代許多企業普遍用來激勵員工努力工作的做法。根據員工對組織的貢獻程度，作為薪資獎酬的基礎，不僅可以達到激勵員工的目的，也較符合多數員工所認同的公平正義。

（一）激勵薪的類型

激勵薪根據績效受評期間的長短，可分為短期與長期的激勵薪酬；又可根據績效層級，分為個人、部門團體和企業激勵薪酬 3 種類型。

❶ 短期與長期的激勵獎酬

短期激勵薪酬是以 1 年內的績效為標準所設計的薪酬

制，如成本節餘分享計畫、生產獎金（分個人、團隊與部門）、員工提案或建議獎金等。通常此類激勵薪根據的績效，多在 1 週至 3 個月間，很少超過 3 個月，且激勵獎金的發放多以週和月為單位，目的在於拉近績效表現與獎勵的時間，達到激勵員工努力工作的目的，若時間拉長，將降低期望理論中績效與獎勵的關聯度。

　　長期激勵薪酬是以 1 年或 1 年以上的績效為標準所設計的薪酬制，如利潤分享、年終獎金、股票購買計畫、股票選擇權、股票發給等。此類激勵薪設計的主要目的著眼於較長期的企業利益，例如股票選擇權或股票購買計畫，通常員工需要幾年的時間才能部分或全部賣出其股票，實現其利益。因此，此制度通常對於降低員工離職率有正面的效益。

圖表4-13　3種激勵薪的類別

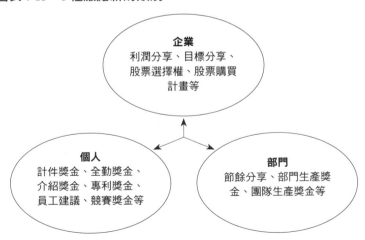

圖表4-14　激勵薪資類型

層級 時間	企業	部門	個人
短期	利潤分享 目標分享	節餘分享 團隊獎勵	按件計酬制 標準工時制 考績獎金 介紹獎金 專利獎金
長期	員工入股計畫 股票選擇權 分紅入股		留才獎金

❷ 個人、部門與企業激勵薪酬

　　激勵薪酬可根據績效層級，分個人激勵薪、部門激勵薪
與企業激勵薪3種類別，用圖表4-13說明3種激勵薪的類別。

　　圖表4-14是由以上的時間與層級構面，交會形成激勵薪
資類型矩陣。由表中可以看出，激勵薪資的種類非常多，但
在實施時間上，個人與部門層級的激勵薪資類型，傾向於1
年以內的短期激勵，而企業層級則涵蓋短期與長期的激勵。
不過實務上，企業在實施激勵薪資時，通常不是採取單獨的
激勵薪資類型，而是採取混合的激勵薪資模式，例如公司採
用股票選擇權的激勵薪資計畫外，對於全年都未曾請假的全
勤個人，也會給予全勤獎金。

（二）激勵薪激勵什麼？

　　激勵薪的類別非常多，依設計目的不同而有差異，下列

為 10 種激勵薪的類別：

- 降低勞動成本的史坎隆計畫（Scanlon Plan）。
- 提高生產力的 Improshare 計畫。
- 提高整體企業獲利的利潤分享計畫（Profit Sharing）。
- 激勵創業精神的激勵薪制，以亞馬遜（Amazon.com）為代表。
- 提高顧客滿意的激勵薪制，以星巴克（Starbucks Coffee）為代表。
- 強化團隊工作精神的激勵薪制，以杜邦（Dupont）為代表。
- 支持企業營運反敗為勝的「營運反轉」激勵薪計畫，以席爾斯（Sears）為代表。
- 保留重要技術才能的激勵薪計畫，以艦隊金融集團（Fleet Financial Group）為代表。
- 強化品質流程的激勵薪計畫，以康寧（Corning）為代表。
- 強化員工配合企業變革策略的激勵薪計畫，以 Levi's（Levi Strauss）為代表。

（三）設計激勵薪酬的要件

一般而言，以激勵獎酬作為激勵員工努力工作的要件有以下 7 項：

❶ 員工必須有能力表現高績效

激勵獎酬計畫必須在員工能力範圍內，訂定員工有能力

達到的績效水準，如果定得太高，超出所有員工的能力範圍，就無法達到激勵作用。

❷ 員工必須相信自己可以表現高績效

員工必須相信只要努力就可以有高績效表現，否則即便員工有能力表現高績效，也不願努力表現。

❸ 員工必須相信好表現可得到更多獎酬

必須讓員工相信有好的績效表現，就可獲得較高的獎酬，如果員工按過去經驗，認為好的績效表現並沒有與高獎酬有關，激勵獎酬計畫的效果有限。

❹ 員工必須認為獎酬值得

員工必須認為獎酬有價值，因為只有當獎酬被員工認為符合所需、有價值，才會產生激勵作用。但員工對獎酬價值的認定不盡相同，因此設計一套有效的獎酬系統非常重要。

❺ 工作表現有變化空間

工作績效表現必須容許變化的空間（Hills, 1980），不能限定少數幾項工作績效表現才可以獲得獎酬。

❻ 績效必須具體、可衡量

績效衡量的指標要盡可能具體客觀（McAdams & Hawk, 1992），否則鬆散的績效衡量指標，容易讓員工感到不公平，並且對獎酬計畫失去信心。

❼ 獎酬計畫必須適合工作特性

獎酬計畫必須符合工作特性，亦即組織必須決定績效是歸功於個人還是團體。例如保險業務員推銷保險的績效，顯然可以歸功於個人努力，但如果團隊共同完成一項建物，績

效可能就得歸功於團體的努力。

八、薪資成本控制

薪資一向是企業組織最主要的成本支出之一，也是企業組織達成獲利目標的重要功臣。許多組織必須投入大量薪資成本以經營企業，平均而言，薪資占獲益的比率約在 30% ～ 50%，如果是勞動密集的傳統產業，如紡織業，則薪資成本支出可能高達企業收益的 80%。

薪資在組織目標達成上，扮演相當重要的角色，因此，對組織而言，最重要的活動之一，就是如何將組織有限的財務資源，分配到薪資成本上，而這樣的分配是透過薪資預算程序來完成。所謂薪資預算是指未來某一期間，通常為 1 年，企業組織所能支用的薪資額度，包括兩項成本因素，一為員工雇用，包括員工人數與類型；另一為薪資組成，包括本薪、變動薪與福利，如圖表 4-15。

薪資成本控制的方法有許多種，但以薪資給付上限設定、薪資均衡指標與變動薪設計 3 項最為重要。

圖表4-15 薪資成本

1. 薪幅最高薪的控管

傳統薪資系統並沒有最高薪的設計與限制，薪資成本因而不斷擴張，因此，各項工作職務都應設定最高與最低的給付額，特別是最高薪的設定，是很重要的薪資成本控制手段。

薪資上限的設定有兩種含意，首先，薪資高低基本上是由產出的價值（或勞動生產）來決定，因此薪資上限即代表某項工作或某位員工職能資格，對企業最高產出價值，如果沒有上限，即隱含該工作或員工職能的價值無限。另外薪資是企業經營成本的主要成分之一，任何企業皆有支付能力的上限，薪資設定上限即是企業薪資支付能力的指標之一。

2. 薪資均衡指標控管

實務上頗被普遍採用的調薪預算計算方式，是以員工實際薪資總額的平均值作為計算基準。但這種計算方式易受員工薪資分布的不同所影響，例如若大多數員工的薪資，普遍偏低且多低於中點薪時，調薪預算總額極可能相對減少。此外，亦有按人員離職所節餘的金額，作為調薪預算的基準，但因計算需要長時間的數字為基準，不易求得。

因此，薪資年度調薪額度的計算可改由「薪資均衡指標」（Compa-Ratio）作為計算依據，這種方法不以員工平均月薪作為月薪總額的計算指標，而是以各薪等的中點薪當作基準，乘上該薪等內的員工人數後，求出等中點總額的方式，來計算年度調薪預算。此種計算方式最大的優點在於不受員工薪資分布不均的影響，且較固定而不會每年變動。

3. 以變動薪控管成本

如前所述，功績薪屬績效薪資的一種，具有激勵員工的效果，但功績薪通常會將調薪的部分累加在本薪上，形成複利效果，就長期而言，會形成企業很大的薪資成本負擔。

變動薪的設計與功績薪最大的不同，即是績效調薪的額度，不會累加在本薪上，每次調薪都是重新計算。此外，以風險管理的角度而言，因變動薪的企業風險敏感度較低，當公司遭遇整體經濟環境不佳或經營表現不理想時，較能根據當時經營績效調整年度薪資成本。但要注意的是，變動薪的設計對成本控制也許助益很大，但若因公司績效的差異，而使員工的薪資縮減時，則較易引起不公平的質疑。

九、溝通事項

一項好的薪資體制，除了要有精密詳盡的設計外，能夠讓員工容易計算與了解，而達到溝通的目的，也是重要條件之一。

需要進行薪資溝通的主要理由有二，第一，投入大量資源設計一個公平合理的薪資系統，就是希望激勵員工有好的績效表現來提高生產力，當員工全盤了解薪資系統時，應該更能發揮效能。第二，員工似乎常會誤解公司的薪資系統，當此種誤解存在時，就會傷害原本希望要達到的激勵價值。

此外，一些研究也證實，公開的薪資系統較能展現公司善意，讓員工感受被公平對待。有趣的是，不管公司採取公

開溝通薪資或是祕密薪資政策，同樣都存在對薪資系統誤解的問題，不過採取公開薪資政策公司的員工，較滿意領取的薪資及公司的薪資系統。

薪資內容隱含很多資訊，有些資訊對員工而言相當重要，以調薪為例，若是因為晉升或績效良好，則代表晉升與績效很重要；如果是因為技術成熟並通過檢定，那麼技術學習就很重要；如果是因為服務年數增加，那麼年資就很重要；如果你的薪資與其他做同樣工作的同事相同水準，雖然你的年資多 3 年、技術成熟一些，就代表工作職務的價值，比個人條件來得重要。

這些例子都說明了，薪資本身傳遞了很重要的訊息：重要事項是什麼？什麼是公司重視的？因此不可輕忽對這些訊息的管理。

薪資系統通常都是經過精密設計的結果，為達到薪資激勵的效果，需要與員工進行溝通的項目非常多，其中可能與所要溝通的產業別（例如商業銀行、電子業）、對象（例如經理、員工）或是薪資類型（如節餘分享方案、銷售人員薪資）的不同，而有所差異。

例如惠悅管理顧問公司針對商業銀行產業所做的薪資管理溝通方案中，溝通內容包括：薪資政策、工作評價、薪資調查、薪資結構、績效薪、為何有些人沒辦法調薪、例外政策等；而針對銷售人員的激勵薪資方案溝通項目則包括：方案的哲學與目標、參加對象的資格、方案的要素（包括本薪、個人與團體激勵薪的部分）、開支容許額度與補償、配

車與福利等；另外，針對製造業節餘分享方案的溝通內容則包括：方案如何運作、生產力如何衡量、薪資給付的方式等。

整體而言，薪資溝通的內容並沒有一定的標準，企業可根據溝通方案所設定的目標來擬定。一般而言，薪資溝通主要的溝通議題有以下 6 項：

- 工作分析與工作評價的方法。
- 符合市場薪資水準的薪資政策。
- 績效與績效評估在個人薪資所扮演的角色。
- 調薪的政策與方式。
- 政府及經濟因素在薪資上的限制。
- 日常薪資管理的政策與規定。

參考文獻

1. Bereman, N. A. & Lengnick-Hall, M. L. (1994). *Compensation decision making: A computer-based approach*. Florida: Harcourt Brace & Company.

2. Bergmann, T. J. & Scarpello, V. G. (2002). *Compensation Decision Making, 4th*, South-West, Ohio.

3. Bloom, M., & Milkovich, G, T. (1998). Relationships among risk, incentive pay, and organizational performance. *Academy of Management Journal*, 41, 283-297.

4. Fisher, R. & Mack, J.(1998)，摩根史坦利公司 360 度績效考核流程，10 月號，北京：中國人民大學出版社。

5. George, J. M. & Jones, G. R. (2002). *Understanding and management organizational behavior, 3rd*, Pearson Education, Inc.

6. Gerhart, B., & Trevor, C. O. (1996). Employment variability under different managerial compensation systems. *Academy of Management Journal*, 39, 1692-1712.

7. Hall, B.(2002)，〈組織中的激勵戰略〉，《哈佛商業評論》，3 月號，北京：中國人民大學出版社。

8. Herzberg, F. (1968). One more time: How do you motivate employees? *Harvard Business Review*, 5-57.

9. Hills, F .(1980). The pay-for-performance dilemma. Personnel, 56: 23-31.

10. Jackson, S. E. & Schuler, R. S. (1990). Human resource planning: Challenges for I/O psychologists. *American Psychologist*, 45: 223-239.

11. Kohn, A. (1993)，〈為何獎勵計畫無效〉，《哈佛商業評論》，11/12 月號，北京：中國人民大學出版社。

12. McAdams, J. L. (1991). Nonmonetary award. In M. L. Rock & L. A. Berger (Eds.), *The compensation handbook*, 3th. McGraw-Hill, Inc.

13. McAdams, J. L. & Hawk, E. J. (1992). Capitalizing on human assets through performance-based rewards. *ACA Journal*, 1: 60-73.

14. McCormick, E. J.(1976). Job and task analysis. In Dunnette, M. D. (eds.), *Handbook of industrial and organizational psychology*. Chicago: Rand McNally, 651-696.

15. Newman, J. M., Gerhart, B. & Milkovich, G. T. (2017) *Compensation, 12th*, McGraw Hill.

16. Nicoson, R. (1996)，〈成長的痛苦〉，《哈佛商業評論》，7/8 月號，北京：中國人民大學出版社。

17. Pfeffer, J. (1998)，〈有關薪酬的六大危險迷思〉，《哈佛商業評論》，5/6 月號，北京：中國人民大學出版社。

18. Sokol, R. J. (1990). Seven rules of salary surveys. *Personnel Journal*, 69(April), 82-87.

19. Wallance, M. J. Jr. & Fay, C. H. (1988). *Compensation Theory and Practice*, 2nd, Boston: PWS-Kent Publishing Co.

20. Zehnder, E. (2001)，〈更簡單的給薪制度〉，《哈佛商業評論》，4 月號，北京：中國人民大學出版社。

21. 林文政、王湧水、陳慧娟 (2008)，《薪資管理》，空中大學。

22. 拉波特等著 (2006)，《薪酬管理的八堂課》，台北：天下文化。

23. 羅業勤 (1992)，《薪資管理》，自行發行。

第 5 課

績效評估與管理

當今,不管是營利或非營利企業組織,都面臨一個共同問題,就是
如何有效評估、運用及發展員工的工作能力與技巧,以提升組織績
效。隨著市場競爭加劇,企業尋求生存的唯一利基在於提升組織效
能,因此,績效評估與管理工作日受重視。

- 績效評估與績效管理的意涵
- 績效管理的目的
- 績效管理的過程與步驟
- 績效管理的實施方式
- 績效評估可能的偏誤
- 績效評估結果的強制分配
- 績效評估面談
- 績效評估制度的稽核與檢視
- 管理員工績效的策略

▼

黃同圳

　　美國俄亥俄州立大學社會學博士，主修人力發展與工業關係。現任華通電腦股份有限公司獨立董事及審計委員、千如電機股份有限公司薪酬委員。

　　曾任國立中央大學人力資源管理研究所教授、所長，國立中央大學管理學院 EMBA 執行長、副院長，健行科技大學國際企業系教授兼商學院院長。專長領域為策略人力資源管理、績效管理、薪資福利管理與人力資源發展，著有《大陸台商人力資源管理》、《人力資源管理：全球思維、台灣觀點》等書。

　　績效管理是一系列發展員工及團隊績效，以提升組織績效的系統化過程；績效管理是在規範成員績效目標、執行標準及職能需求的共識架構下管理績效，找到提高組織更高成效的工具與方法。當組織目標明確，且跟部門、員工的職責緊密連結時，組織運作會更有效率；當員工更清楚自己的工作如何對組織成效有所貢獻時，士氣與生產力通常也較高昂。

　　當今，不管是營利或非營利的企業組織，都會面臨一個共同問題，就是如何有效評估、運用及發展員工的工作能力與技巧，以提升組織績效。除此之外，還需要考量員工對組織的貢獻程度，給予精神與物質上的激勵，讓員工從工作上獲得內在與外在的最大滿足。隨著市場競爭加劇，企業尋求生存的唯一利基在於提升組織效能，因此，績效評估與管理工作日受企業重視。

一、績效評估與績效管理的意涵

　　「績效評估」與「績效管理」兩個概念有時會被混合使用，其實兩者所指涉的範圍並不一樣，績效管理比績效評估涵蓋的範圍更廣。

　　績效評估（Performance Appraisal）通常指的是一套正式、結構化的制度，用來衡量、評核、影響與員工工作有關的特性、行為及結果，發現員工的工作成效，了解未來該員工是否能有更好的表現。

　　績效管理（Performance Management）則是一套有系統的

管理活動過程，用來建立組織與個人對目標以及如何達成該目標的共識，進而採取有效的員工管理方法，提升目標達成的可能性。

　　所以績效管理不僅包括個別員工的績效評估，更將個別員工的績效與組織的績效結合，最終目的是提升整體組織的效能。相較於績效評估採由上而下的評核員工某一特定期間的績效表現，績效管理則屬於全面性的管理措施，用來強化利害關係人雙向溝通、對話以及即時回饋，確保員工績效目標跟組織發展一致。

　　績效評估與績效管理兩者相似之處在於：（1）設定目標與明確的期望；（2）建立衡量成功的指引綱領；（3）檢視目標是否達成；（4）找出影響達成績效的障礙；（5）找出協助員工達成目標的方法與方案。至於績效評估與績效管理的主要差異則如圖表 5-1 所示，雖然有這些異同，一般都認為績效評估屬於一個完整績效管理系統中的一部分。

二、績效管理的目的

1. 管理性目的

　　組織利用績效評核結果獲得的訊息，進行管理上的決策，例如調薪、升遷、留任、資遣，以及表揚員工貢獻。

2. 發展性目的

　　協助表現良好的員工持續發展，對於表現不理想的員

圖表5-1　績效評估與績效管理的差異

項目	績效評估	績效管理
主責	由人資部門與直屬主管負責	多方利害關係人員參與整個過程
頻率	每年檢驗一次或兩次績效，針對前一段期間績效表現給予回饋	不斷持續執行的過程，強調即時回饋
導向	回溯導向，檢視過去一段期間的績效表現	未來導向，聚焦提升員工未來一段期間的發展策略
本質	聚焦個別員工的績效表現與獎酬	聚焦員工的發展與組織的成長，獎酬僅為績效管理的一部分
工具	被視為改善個別員工績效的作業工具	被視為協助個人與組織發展的策略工具

工，則協助其改善工作績效。在績效回饋面談過程中，通常會討論到員工的優點與弱點，甚至會進一步討論導致工作缺失的原因，例如技能不足、動機，或阻礙員工表現的因素，並尋求可能的解決方案。

3. 策略性目的

　　績效管理系統最後、也是最重要的功能，是把員工的行動跟組織的策略目標充分結合。策略執行過程中主要方式之一是，明確訂定達成策略目標需要的結果、行為方式、員工特質，接著則須發展一套衡量與回饋制度，使員工該項特質能發揮到最大，充分的執行這些行動，進而達到想要的結果。

圖表 5-2　績效管理的過程

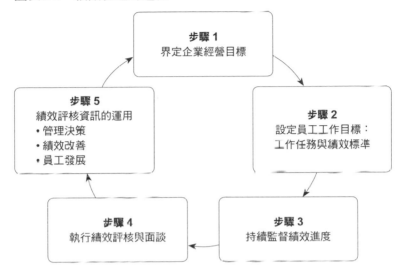

三、績效管理的過程與步驟

　　績效管理是一循環性的管理活動過程，包括界定企業經營目標、設定員工工作績效標準、持續監督績效進展、執行績效評核與面談、績效評核結果資訊的運用，而資訊的運用又回過來影響工作內容與目標界定，這樣的循環流程可以用圖表 5-2 來表示。

步驟 1：界定企業經營目標

　　績效管理過程，首先必須確定每一位員工的工作活動，要跟企業的經營目標與競爭策略有效結合。如果員工很努力

工作，但是該項任務並非組織競爭優勢的關鍵，那麼還是會徒勞無功。所以，企業通常在年度開始之前要先訂定經營目標，總體目標訂定後，再逐級而下訂定部門及個人目標。

部門主管應根據公司與部門年度經營目標，跟員工商討擬定工作任務與目標。組織及部門的目標通常包括 3 個要素：

- 量化目標，例如營收成長增加率、市場占有率、減少待料率等目標，用明確數字呈現。
- 完成某一專案的期限，例如開發產品、導入電腦整合製造系統、引進新的預算控制程序、執行績效管理等目標的完成期限。
- 質化的目標與期望，例如強調品質、客戶服務、團隊、創新、績效導向、員工動機、承諾與發展等。

步驟 2：設定員工工作目標

企業及部門的目標訂定後，主管應與同仁共同商訂工作目標與績效標準。過去工作任務多由主管交付，由於參與度低，員工並不主動積極，對工作任務少了「與我有關」（ownership）的使命感。因此，績效任務與績效標準最好由員工參酌公司與部門年度目標及職位工作說明書後，擬定個人工作目標，再與主管討論訂定，一個好的工作目標應具以下特性：

- 一致性：跟組織價值及組織與部門的目標相符合。
- 精確性：清楚且明確的定義。
- 挑戰性：追求高度的績效標準與進步。
- 可量性：可使用量化或質化的指標衡量。

- 可及性：在員工目前能力及資源條件下可達成。
- 接受性：經主管與部屬共同同意，以增進員工的責任感，當然有時主管必須說服同仁訂定比自己預期更高的標準。
- 時間性：工作任務完成的時間或期間長短。
- 團隊性：工作目標除了強調個人成就，尚應兼顧團隊合作。

步驟 3：持續監督績效進度

在年初訂定工作任務與績效標準後，到年底績效評核與面談這段期間若置之不理，將失去績效管理的意義。績效管理是不間斷持續進行的活動，因此，主管應不定期督導員工的績效進度，並予以回饋，採用正式或非正式的回饋方式均可，有些企業會增設期中面談，目的在於跟部屬共同討論半年來的工作進度、執行方法，以及遭遇的問題。

除了期中面談這種正式回饋之外，主管們應不定期回饋員工他們的工作表現，適度激勵表現良好的人，並導正績效進度落後或行為不符合要求者，不宜等年終時再算總帳，因為績效管理最終目標在提升員工與組織績效，而不是局限於考核員工的表現。

步驟 4：執行績效評核與面談

績效年度結束前，企業通常會執行員工的績效評核及績效面談，績效評核內容應依據年初制定的工作目標、績效標

準與行為要求，績效評核必須考量評核方法、評核資訊來源、評核等第、評等分配以及評核的公正性。至於績效面談則是主管應與部屬共同討論年度績效表現、績效改善或發展計畫，有些甚至包括員工未來生涯發展計畫。

步驟 5：績效評核資訊的使用

如上所述，績效管理的目的包括策略性、管理性與發展性 3 項主要用途，所以企業應將績效評核得到的資訊，善加利用在下列 3 方面：

（一）管理決策

包括員工調薪、獎金、紅利、升遷、調動、資遣、解雇，以及未來人員遴選標準等。

（二）找出並解決問題

績效管理的過程，應該界定員工及組織兩方面的問題，如果問題屬於員工個人，主管應與員工共同擬定績效改善計畫，但極有可能問題出在組織層面而非個人，例如可能是遴選過程不當、部門之間配合不佳、工作流程設計不當、生產設備老舊，甚至是領導無方或工作任務交付不明確，如果遇上這類情況，應以組織發展角度著手改善。

（三）員工發展

面對快速變遷的環境，績效管理必須有前瞻性，不僅協

助員工在目前工作上的卓越表現，也應包括未來的工作表現，因此應界定員工及組織系統未來的發展需求，協助員工本職及未來工作生涯上的職能（competency）發展。

四、績效管理的實施方式

1. 績效效標類型

（一）特徵性效標

　　著重員工個人特質，例如忠誠度、可靠度、溝通能力、領導技巧等，是最常被當作評核績效的特徵，考量的是員工是怎麼樣的一個人，而非是否完成被交付的任務。

（二）行為性效標

　　著重員工如何執行工作，行為性效標對人際接觸的職務尤其重要，例如百貨公司的警衛或服務員，是否對顧客保持愉悅的笑容及友善的態度，對公司影響甚鉅，因此公司可將期望的行為列表，作為員工績效考核效標。

（三）結果性效標

　　著重員工完成哪些工作或生產哪些產品，而不是員工如何完成這些工作，較適合不需考量生產或服務過程的工作。

2. 績效效標的運用

　　在特徵評核、行為評核及結果評核3種績效效標中，如

何做最有效率的運用呢？原則上，企業可依工作轉換過程，以及產出結果的明確程度，選擇評核方式，設計架構如圖表5-3 所示。

如果組織能夠精確測量工作的產出結果，且可以清楚的觀察或了解生產、服務過程，例如傳統製造或服務性工作（即圖表 5-3 的類型 I），採用行為或結果績效效標評核很適合。類型 II 的工作較容易量測出結果，較難明確或持續觀察工作過程，例如業務人員這類型工作者，適合採用結果性效標評核。

類型 III 的工作者，工作行為較容易觀察，但產出結果難以量測，這可能是員工採用團隊方式生產，此時只能看到團隊成果，而非個人表現，如任務團隊或流程生產線。也可能是產出結果必須花較長的期間才能衡量，例如研究、發展人員，這類型工作適合用行為性效標評核。

類型 IV 的工作性質既難衡量工作過程，也不易衡量成

圖表5-3　生產或服務過程明確性

		明確	不明確
產生結果可測量性	高	I 行為或結果	II 結果
	低	III 行為	IV 投入或 360 度才能評鑑

果，大多數專業人員如教師、經理人員，以及高度自主性的工作人員或工作團隊均屬之。這類型的工作者適合採用投入控制，亦即招募遴選時，挑選具備適任該項工作的資格或才能者。一旦任用之後，雖然其行為較難以正式觀察，卻可經由生產或服務過程中的接觸者，如客戶、同事、部屬等來評量，故適合採用 360 度才能評鑑當作評核工具。

3. 何時進行評估？

評估時間涉及兩個層面，一個是兩次評估間的週期長度，另一個是評估時點。定期評估對組織管理而言較容易，多數組織採每半年或一年，進行一次正式的績效評估。

不過，也有學者指出應依據工作特性決定評估週期，如簡單低層級的工作，評核可能短至數分鐘，但高階經理的評核可能要長達數年，或是廣告企畫案的工作，應在每個企畫案完成後，進行評估與回饋。至於評估期間的長短，則視評估目的而定，如果是用在溝通與評核，應以單一績效期間為主，若是為了升遷或訓練發展，各評估期間的績效都應納入考量。

有些公司以員工到職日作為績效評估的基準日，這個方式可以分散主管對部屬進行績效評估的負擔，避免因為績效評估過度集中某一段時間，造成主管負擔過重。不過，這個方式無法把員工個人或工作小組的工作表現，跟年度總結的組織績效相結合。再者，因為組織績效可能隨季節、月份而起伏，在不同時點評估會有不公平的現象。

較常見的做法，是在同一段時期對多數員工進行評核，通常是在會計年度或農曆年即將結束時，優點是主管可以比較同一段時期不同部屬的績效表現，同樣的，最高階主管也可比較不同單位達成目標的情形。缺點為主管工作負荷過度集中，不過，這可以透過兩個方式克服，一是將評估指標具體化及明確化，另一是讓部屬分擔部分職責，例如訂定績效效標、提供完整的工作績效資料。

4. 由誰進行績效評核？

決定評核的方法之後，接著要思考由誰來做績效評核。最直接的反應當然是由主管評核，但近年由於工作多元化、管理哲學由控制觀點逐漸走向員工的承諾、團隊的合作，以及客戶服務導向等方向調整，因此，有些企業亦將顧客、同事、自己、部屬等納入評核者範圍。

（一）主管

主管是最常進行績效評核的人選，因為通常主管最清楚部屬的工作內容，而且最有機會觀察員工的行為及績效水準；此外，由於部屬的工作表現好壞，會直接影響到主管及部門績效，因此主管們應該會有最強的動機，做出正確的績效評等。

不過，也有主管無法有效觀察的工作性質，如外勤業務工作人員。再者，多數組織中都或多或少存在親信、派系與管理作風影響的現象，避免偏袒是績效管理成功的關鍵。可

能的克服方法是，避免直屬主管是唯一的評核者，可以考慮把上一級主管納入參與評核，以及採用其他評核資訊來源作為參考。

（二）同事

部門同事或團隊成員對於職務的要求具備專業知識，且有很大的機會觀察被評核者日常工作行為。此外，同事評核也可以帶來與主管評核的不同觀點，有助於員工全面性的績效評核，研究結果也顯示同事評核提供了相當有效度的成果。當然，同事評核也有缺點，包括因友誼關係而導致偏袒的評等，以及若評核結果會影響被評者的利益時，評核者與被評核者都會感到不舒服。

（三）部屬

雖然部屬無法完全接觸到主管全部面向的工作績效，但因與主管間有諸多互動關係，對於主管的專業能力、領導風格、工作指導及部屬培育等能力最清楚，所以也是一個相當好的評核資訊來源。

不過，部屬評核若會影響主管考績時，有可能會出現挾怨報復，或主管為了迎合員工，只重視員工滿足而輕忽生產力的情形，所以通常僅適用於主管的才能發展。再者，部屬的評核若不匿名，也可能會發生扭曲的情形，所以至少應有3位以上部屬參與評核，而且應由第三方處理評核結果再轉交主管參考，以免影響正確的評估。

（四）自己

　　雖然沒有公司完全用自我評核當作資訊來源，但自己最有機會檢視自己的工作行為，以及了解自己的產出結果。不過，如果自評是用來作為管理決策（如調薪）的資訊時，員工會傾向誇大績效評等。因此，一般企業最常使用的方式，是在績效面談之前，讓員工自我評核工作績效，再與主管討論雙方績效評核結果不一致之處。

（五）客戶

　　服務的特性在於生產（或服務）與消費幾乎同時進行，因此，與客戶服務關係密切的工作，主管、同事及部屬很少有機會觀察員工的行為，反而顧客擁有充分資訊，成為重要評核資訊來源，尤其是那些工作性質與客戶關係密切者。不過，由於客戶評核資訊的蒐集可能費時且費錢，通常除了評核員工績效，更在於希望透過蒐集資訊改善服務品質，進而達成市場策略目標。

（六）360 度回饋

　　360 度回饋為近年來極熱門的績效管理工具，其方法為將多面向的評核資訊來源（即前述的主管、同事、部屬、自己及客戶）同時納入評核體系中。不過，360 度回饋原本主要用途在於人才發展，使用在績效管理時，組織必須先建構一個坦誠溝通的文化，投入時間與精力訓練參與評估者，確保各項評核資料的正確性。

5. 決定績效評估方法

經過系統化的工作分析，選定適當的績效效標與評估者及評估時間點後，接著應決定適合的評估方法。雖然有些工作可以用直接的產出評估，但目前為止最廣泛使用的績效衡量系統是綜合評估，兼顧各種績效面向。

（　）比較法

比較法是指評估者比較個別員工與其他員工績效，予以評等的評量方法。這類評估方法通常是對員工績效或貢獻做全面性的評核，再予以評等，並將員工列入不同績效組群中，常用的方法有：

❶ 排序法

主管依部屬工作表現，從最好到最差排序。主管也可對特定工作任務員工的表現來排序，此方式較適用於小型單位；若受評者人數增加，則宜改採交替式排序（alternative ranking），亦即先找出最佳者及最差者，並將他們自排序名單中剔除，從剩餘的名單中找出次佳者與次差者，如此到排序完成為止。

❷ 配對比較法

將參與評比的員工與其他參與評比的員工兩兩比較，決定何者較佳。統計每位員工與其他員工評比時列為較佳的次數，並依計數高低排列順序。配對評比的次數依參與評比人數而定，其計算公式為：$n[(n-1)\div2]$，其中 n 為參與評比人數，例如 $n=5$，則配對評比次數為 10 次，但若 $n=$

20，則次數劇增至 190 次，因此不適合受評者過多單位使用。

❸ 強制分配法

強制分配法先將員工績效表現由高至低分成一定數目的等級，並事先分配各自的比例，再依員工表現，按比例歸入各種等級。在設計時，可依部門表現而彈性調整，例如部門表現優秀者，其員工歸為特優的比例（例如 10%）可高於部門表現不佳者（例如 5%），其餘等級亦可做相似的調整。

（二）行為評估法

前述比較法，主管主要評估每位員工相對其他員工的表現，行為評估法則主要是在評估員工是否符合某些行為標準，而不是與其他員工的表現比較。

❶ 座標式評等法（Graphic Rating Scales）

由評估者就一系列描述工作或個人品質的語句，在適當的績效向度中勾選或評分，如圖表 5-4 所示。座標式評等法在國內企業中使用得最廣泛，主要是因其評估設計較簡單，且評估結果是量化的分數，可當作員工間或部門間的比較，且含括較多績效向度或效標。

不過，由於座標評等法很多績效向度是評估者的主觀判斷，較容易出現評估偏差。另一個主要缺點是無法幫助員工發展，例如並未告訴部屬如何改善目前缺失或如何精益求精，有些公司對此略加修正評估方法，在評估結果下方增加一些空白欄，由評估者撰寫簡短的評語或改善建議，以兼顧評核與發展雙重目的。

圖表5-4　座標式評等法

項目	分項	定義	評價尺度及著眼點
實務處理能力	知識與技能	綜合執行職務所需的知識（基礎知識、實務知識、相關知識）及技能，判斷該員處理業務的能力。	5 ＿ 正確性幾乎是最高水準，幾乎能獨立處理複雜而廣泛的工作，對改善業務及指導後進非常有能力。 4 ＿ 能獨立執行職務，速度及正確性在平均水準之上。 3 ＿ 處理工作的速度及正確性在平均水準。 2 ＿ 能處理一般工作，但速度及正確性在平均水準以下。 1 ＿ 工作速度及正確性有問題，需要上司檢查及指導的事較多。
意願態度	改善意願	提高職務品質及效率，把握工作重點，發揮創造力，提出具體方案而付諸實行的意願。	5 ＿ 不僅對自己的工作，也對工作場所改善提出具體有效的對策，件數、品質皆屬最高級。 4 ＿ 自己推行改善提案的意願高，件數及品質在平均水準以上。 3 ＿ 有改善的意願，具體改善方案的件數與品質達到平均水準。 2 ＿ 改善的件數與品質未達平均水準，需要上司指導，缺乏自發性。 1 ＿ 對改善工作不太關心，雖有上司指導與忠告，也不願處理。
	責任感	相當了解自己的責任、立場，努力達成上司的期待，從未迴避或轉嫁責任，能如期完成所交付的工作。	5 ＿ 始終盡最大的努力，如期完成工作，足為他人模範。 4 ＿ 遭遇困難，但能努力完成工作。 3 ＿ 對所交付的工作努力不懈，有始有終，大致能達成。 2 ＿ 對自己的責任、立場理解不足，想努力完成工作的程度不夠。 1 ＿ 有迴避責任或轉嫁他人的情況，做事不能有始有終。

項目	分項	定義	評價尺度及著眼點
意願態度	規律性	了解並遵守公司方針、工作規則、職場紀律，以及遵循上司指示的程度。	5 __ 十分了解規則並積極遵守，成為他人模範，同時能注意與指導遵守意識較低的人。 4 __ 努力遵守規則，未造成他人困擾。 3 __ 通常不帶給他人困擾，工作上也無障礙。 2 __ 對規律不甚了解，常有違反紀律，如遲到、早退、缺勤等情形。 1 __ 不遵守規律，常有遲到、早退、缺勤及引起工作障礙等情形。
	合作性	有組織一份子的自覺，竭力保持團體行動，積極協助他人工作，積極建立良好人際關係。	5 __ 盡最大的努力提升團體活動，也積極協助他人的工作，有時甚至發揮自我犧牲的精神，為他人的模範。 4 __ 積極為促進團體活動及提升人際關係而努力。 3 __ 在維護團體活動及人際關係上，已盡了一般努力。 2 __ 欠缺自己是組織中一員的認識，偶有妨礙團體活動及人際關係的情形。 1 __ 常有以自我為中心，擾亂團體活動及人際關係的情形。
實績	目標達成度	對所交付目標的達成度。	5 __ 120% 以上。 4 __ 100% 以上。 3 __ 80% 以上。 2 __ 60% 以上。 1 __ 未滿 60%。
	努力度	本人努力達成目標的程度（考慮目標難易度，及是否有外在因素影響目標達成）。	5 __ 在所設定的高程度目標及外在困難度高的情形下，能盡最大的努力達成目標。 4 __ 目標過高或外在困難度過高的情形下，盡力達成目標。 3 __ 為達成目標盡了十分的努力。 2 __ 努力稍為不足。 1 __ 未盡到一般的努力。

❷ 重要事件法（Critical Incidents）

這個方法要求主管觀察並記錄部屬執行工作的過程中，特別有效或沒有效，甚至造成負面效果的行為，主管並以這些事件作為評核的基礎。這個方法對改善部屬工作較有效，因為部屬能具體了解哪些工作行為或態度被接受或讚賞，哪些行為則否。

重要事件法的缺點有：記錄每個部屬工作行為對主管而言相當耗時、並非量化指標、被觀察的事件對工作績效的重要性不明確；比較部屬間的績效有其困難性，因為每位員工的行為事件並不相同。

❸ 行為錨定評等量表（Behaviorally Anchored Rating Scales，BARS）

設計本表的第一步，通常是先找出每項職務重要的工作向度或職責領域，然後在每項工作向度中列出員工可能表現的行為，並從最好到最差的行為依序排列，據以評分。這個方法的優點是評核標準相當具體、公正，員工也容易理解。缺點是評估者很難針對每項職務巨細靡遺的設計出所有行為向度，有時因為員工某些工作行為不在評核表中，無法評核。

❹ 行為觀察量表（Behavioral Observation Scales，BOS）

跟其他行為評估法不同的是，行為觀察量表並不是用來評估工作者的績效水準或程度，而是工作者表現出某種行為的頻率，然後把每一種行為頻率的分數值加總。

❺ 職能評估法（Competency Assessment）

職能是指個人所具備的潛在基本特質，而這些潛在的基本特質，不僅與他擔任的工作職務有關，更可讓主管了解員

工的預期或實際反應，以及影響行為與績效的表現。一般認
為職能包括：動機、特質、自我概念、知識及技巧等要素。

　　職能可以作為預測工作績效的基礎，藉由員工所具備的
職能，主管可以預期員工會有什麼樣程度的工作績效表現。
因此，愈來愈多企業採職能評估法來評量員工的動機、特
質、知識、技能及行為態度等表現情形。

（三）結果評估法

❶ 目標管理法

　　以目標達成度作為績效評核指標，目標管理法的前提
是，組織目標必須是逐級下授，傳達到各部門與責任中心，
最後到各個員工，因此，主管擬訂工作目標時，應先與部屬
共同討論。訂定的目標可以是希望達到的結果，或達成這些
結果的手段或措施，或兩者均納入。

　　目標可以含括主要工作職責的經常性活動，或是基於某
些特定目的所採取的創新做法，不管目標重點為何，應具有
下列特性才較有效益：

- 具體性：具體的行為或產出標準。
- 時間性：明確的任務完成期限。
- 優先性：目標的重要性或優先順序。
- 後果：達成或未達特定績效可能造成的後果。
- 目標一致性：員工的工作目標應與部門目標一致。

❷ 成就表現紀錄（Accomplishment Records）

對某些專業或學術性工作而言，工作成果無法用適當的

工作行為或工作產出量衡量，因此以其創新性或貢獻度來評估較為適宜，這時就無法用既定的產出標準衡量，需將其工作成果交由外部同行專家評核，以決定其成就的總體價值。

❸ 關鍵績效指標

關鍵績效指標（Key Performance Indicators，KPI）指為了達成組織、部門或個人的年度任務，所必須達成的重要指標。關鍵績效指標特別強調上下之間的串連，以及聚焦在最重要的影響因素，例如欲達成公司年度營運目標，則各部門關鍵績效指標的彙整即為全公司的目標。同樣的，部門內同仁的關鍵績效指標，應與全部門的績效目標有效連結。

最近，矽谷創業投資家杜爾（John Doerr）提出「目標與關鍵成果」（Objectives and Key Results，OKR）的概念，目標代表想達成「什麼」，而關鍵成果則是「如何」達成，每一組目標與 2～4 個關鍵成果搭配，強調上下一起討論，使團隊訂定出每個人都願意執行的目標。

OKR 為 Intel 前執行長葛洛夫（Andy Grove）改良自目標管理的模型，後來由杜爾引進 Google 公司，Google 成功實施後，吸引更多新創企業例如 LinkedIn 及 Twitter 等公司也導入這個管理工具。

華碩董事長施崇棠指出華碩自 2019 年起引進 OKR 當作實踐工具，他認為 OKR 避開 KPI 照表操課的缺點，改變由上而下集權式管理，成為上下一起討論，上下目標彼此連結，才能及時反應修正，比較適合數位化的轉型需求。大聯大執行長葉福海也提到遠距辦公需靠員工的自我驅動力，因

此導入 OKR，可以在公司的目標下，由員工與主管共同設立關鍵成果，員工更有動力完成任務。

（四）綜合評估法

各種單一的評估方法與績效指標都有局限性，因此愈來愈多企業採用包括關鍵績效（或關鍵結果）指標、職能、行為及重要事件法等綜合評估。首先，根據組織的策略與年度目標，由主管與部屬共同擬訂 5 ～ 8 項關鍵績效指標，這部分占受評人績效成績 60%。

除了結果指標外，員工執行任務的過程也甚為重要，所以受評者另外 40% 績效成績可包括職能、行為與態度等指標，主管與部屬可依據部屬職務所需的相關職能與行為特質，從公司的職能資料庫中選定 6 ～ 8 項作為評估項目。

不過，為避免考核時主管流於自由心證，在每一個職能指標項目下，應增列「行為事例說明」欄位，當主管給予部屬該項考核為「傑出（5 分）」、「不佳（2 分）」或「待改善（1 分）」時，應於該欄位指出具體優良或不佳的行為事例說明，這樣不僅有助提升考核公正性，更能讓部屬清楚了解自身的優缺點，作為改善與發展的基礎。

五、績效評估可能的偏誤

績效評估除了要使用合適的方法外，評估者也必須公正、不偏私，這尤其重要。一般而言，評估過程中最常見的

錯誤有下列 6 個項目：

1. 以偏概全（Halo and Horn）

　　評估者很容易因為被評估者在某項工作或行為上有傑出表現（Halo，月暈效應），造成其他工作或行為的評估結果偏高。相反的，被評估者受到某項不良工作或行為（Horn，尖角效應）影響，使其他項目的評估結果也偏低。

2. 過寬偏誤（Leniency）

　　為了避免衝突，有些主管會給人部分員工比實際工作表現更好的評核成績，這種情形最常出現在組織沒有對績效評估設定分配比例限制時。

3. 過嚴偏誤（Strictness）

　　與過寬偏誤正好相反，有些主管可能因為不了解外在環境對員工績效表現的限制、自卑感作祟，或因為自己被評估的結果偏低等原因，給員工比實際工作表現更低的工作評等。對於這類評估者，應建立其自信心，或給予角色對換扮演的訓練，有助於減少偏誤。

4. 趨中傾向（Central Tendency）

　　這項錯誤指的是評估者對多數被評估者，不論他們工作表現的差異，都給予很接近的評等，主要原因可能是評估者不願得罪人，也可能由於管理的部屬太多，對各部屬的表現

好壞不清楚,只好採取趨中評等。

5. 最先(Primacy)或最近(Recency)的印象偏誤

當評估期間過長,如果主管沒有經常觀察與記錄,極有可能依據最早期的印象,或根據最近被評估者的表現或行為做評估。

6. 對比效果(Contrast Effects)

如果評估效標不清楚,或採用的是相對比較評等法,當某一單位員工表現都很差時,表現普通者極有可能被評為傑出;相對的,萬一該群組員工都很優秀,則表現普通者有可能被評為待改進,因而產生對比效果。

六、績效評估結果的強制分配

年度績效考核結果,台灣地區企業跟國外公司一樣,大多採強制分配比例制,例如台積電的分配比例為傑出占 10%、優良占 85%、需改進或不合格占 5%。考核評等採強制分配有其優點,包括:

- 明確區分員工表現,作為薪資調整及晉升轉調的參考,並達到激勵效果。
- 貫徹績效評核是「相對績效」原則,鼓勵良性競爭,超越自己並超越他人。
- 避免主管對績效等級有不同認知,或因本位主義造成

部門間的不公平。

不過，強制分配也有缺點，包括：

- 某些部門員工人數較少時，無法進行強制分配。
- 相對不公平，例如某公司有 100 位員工，優、甲、乙等比例為 15%、70%、15%，排在第 15 位員工與第 16 位員工的績效差異可能不大，但受限強制分配比例，第 15 位考績核為優等，但第 16 位員工則需列為甲等。再者，第 85 位員工雖然與第 16 位員工績效差異甚大，但因比例分配的關係，與第 16 位同列為甲等，所獲得的獎酬相同，造成不公平。
- 多數企業採單一強制分配時，未將公司與部門績效差異列入考慮，導致不公平的情形。

美國南加大教授羅勒（Edward Lawler）在「2011 年全球化人力資本高峰會」主題演講中，建議企業要評估員工的工作成果、工作績效，但不評核等第。2012 年 Adobe 公司取消傳統員工績效排名的制度，改以每月頻繁的主管與員工對話，聚焦討論公司未來方向、如何協助員工發展。其他公司如微軟、Gap 等也相繼放棄年度績效考評，改為即時績效回饋系統。

不過，國內仍有相當多企業採績效評等制，為了提升其效益、減少負作用，可以考慮採取「百分點式的強制分配法」。首先，各項績效管理流程均依照本章建議做法，採用綜合評估表單，主管與部屬在年度開始前，依據公司的策略與目標，共同擬訂具體的關鍵績效指標、職能與行為要求

圖表5-5　百分點式強制分配表

公司績效	部門績效		
	優	甲	乙
超過目標（110% 以上）	90	86	82
合乎目標（109% ～ 90%）	86	82	78
低於目標（低於 90%）	82	78	72

注：表中各等級的平均考績，可依各公司需求彈性調整。

資料來源：參考調整自黃同圳，Byars 及 Rue（2016），《人力資源管理：全球思維、台灣觀點》，第 11 版，麥格羅希爾。

等，年底時各部門主管公平、公正的依據部屬表現，給予考核分數，主管只需確保分數能公平反映部門內部屬的相對表現即可，不用考慮考績結果的評核等第比例分配。

年度結束後，確定公司當年度的績效表現（分為超過目標、合乎目標及低於目標三等），再對各部門的績效進行評核（分優、甲、乙三等）。例如，某一年度公司的目標達成率超過 110%，則屬於「超過目標」等級，考核列在優的部門，該部門全體員工考績平均為 90 分；若為甲等，平均為 86 分；若為乙等，則員工的考績平均為 82 分（如圖表 5-5），其目的在於激勵員工努力達成公司及部門目標。

最後，再由人力資源管理部門，依據各部門主管所評核的員工原始成績進行轉換。例如某部門原始成績平均值為 80 分，但依前述標準該部門因績效為甲等，其部門平均值應為 86 分，則可採直接分數轉換或用標準差加權調整方式，讓該

部門同仁的分數調整到平均 86 分，等到各部門都依此方式轉換完成後，所有員工的績效考核成績就有了相互比較的基準。此時公司即可依據此相對績效分數，進行獎酬、晉升、發展及績效改善等後續人力資源管理作業。

在連結績效與獎勵方面，假設根據公司當年度績效達成情形，擬發平均 2 個月的績效獎金，且該年度全體員工的平均考績分數為 86 分，則當年度考績 90 分的同仁將可取得 $2 \times (90 : 86)^6 = 2.63$ 個月獎金，年度考績 80 分的同仁，則可取得 $2 \times (80 \div 86)^6 = 1.3$ 個月的獎金。這麼一來，獎酬可充分反映同仁的績效表現。

當然公司也可設定最低績效標準（例如 70 分），考核成績低於 70 分者不僅不獎勵，且應列入專案輔導。這樣的設計不僅可減少強制分配導致的負面效果，又可發揮強制分配獎優懲劣的作用。

七、績效評估面談

1. 績效評估面談前的準備
（一）做好事前安排

通常在績效評估面談前 1 ～ 2 個星期，由主管親自通知被面談者面談的日期、時間及地點。最好能事先讓被面談者了解面談的目的、內容，以及需要事先準備的資料。另外，面談地點最好選在較中性的地點，例如會談室或小會議室，一則讓雙方感覺較舒服，再則可以不受電話或其他雜務干擾。

（二）讓部屬先自我評估

為了讓部屬做好面談前的準備，主管應在面談前先交給部屬一份自我評估表，針對目前工作及未來發展計畫，先行分析與填寫。

（三）蒐集部屬相關資訊

主管在面談前，應事先審閱部屬的職位說明書，或工作目標、部屬在評估期間的工作績效、重要的行為事件等資料。

2. 選擇績效面談的型態

美國工業心理學家麥爾（Norman Maier）於《績效評估面談》一書中，將面談方式分成 4 種類型：

（一）告訴及銷售法

通常有權威取向的評估者會採用此法，面談著重在由主管告訴員工評估的結果、如此評估的原因、希望員工未來努力的方向、應採取的措施等，缺點在於溝通是單向的，且容易引起部屬的防禦性反應，對於改善未來工作不是很理想。

（二）告訴及聆聽法

這個方法提供部屬參與的機會，並建立雙向的對話方式。此法是由主管將他所認知部屬的缺點告訴部屬，並讓部屬針對這些看法表示意見，通常結束面談時，主管會做摘要，並納入部屬的意見。這個方法雖然讓部屬覺得舒服一

些，但對於績效改善仍然有限。

（三）問題解決法

強調在主管與部屬間，建立主動且開放的對話。首先分享彼此的認知，進而共同討論，尋求問題的解決方案、改善的方向與目標。這個方法困難度較高，主管通常需要接受面談訓練，較能用來幫助員工規劃未來發展或設定努力目標。

（四）綜合面談法

前兩種面談方法比較適合用在績效評估面談，問題解決法則較適於員工發展面談，所以最好的方式是把兩種面談目的分開。不過，有時受限時間與精力，主管必須在一次面談中完成這兩種目的，因此，可能需要先採取告訴及聆聽法，讓部屬了解評估的結果與理由，接著用問題解決法，讓部屬積極參與討論績效改善的方案，最後再由主管總結彼此達到共識的改善目標。

3. 有效面談的要點

要做好績效評估面談確實不容易，尤其對講究情面的華人社會而言，更是一大挑戰，有效的面談大致有以下特徵：

- 具體而非原則性的要求。
- 著重員工所表現的行為，而非其人格特質。
- 替被評估者考慮與設想。
- 強調被評估者可以經由努力而改善的事項。

- 盡量尋求共識，而非強制採行。
- 分享經驗與資訊，盡量少指導或命令。
- 清晰明確的溝通。
- 討論實際表現出來的行為，不要臆測或指責被評估者行為背後的動機。

4. 面談後的跟進觀察

面談要有效，也有賴後續的跟進措施，才能落實主管與部屬共同擬定的改善目標。主管在面談後，仍應跟進觀察被評估者是否確實知悉自己的期望，並採行適當的做法以達成目標。再者，員工工作改善或行為改變之後，若能適度增強這些變化，可以幫助員工維持新的行為。增強的方法可以是口頭嘉許，也可以用書面肯定。

八、績效評估制度的稽核與檢視

稽核是指監控每個績效管理項目，確保績效評估過程中，每項工作都能在既定時程內完成目標。績效評估管理制度的稽核職責，通常都由人力資源部門負責，所以人力資源部門最好事先訂定各項流程的時間，與應執行的工作項目。稽核對於績效評估是否成功具有相當大的影響，管理稽核的目的在於測量績效管理目標的達成度，以及所規劃的措施是否付諸實施。

稽核可以透過多種方法實施，例如：（1）統計分析各部

門或各單位的評等結果，檢視有無過寬或過嚴的缺失，同時可以利用統計結果，做部門之間的比較分析；（2）用問卷調查蒐集資料，一般問卷調查包括幾個主要部分：

- 調查受訪者的個人特徵資料，如年齡、性別、教育程度、服務年資、職級等，以了解不同群體間有無績效評估措施上的差異，對績效評估的態度有無不同。
- 調查受訪者對績效評估的態度，一般較常使用的是李克特氏五點量表（Likert scale）。
- 蒐集績效評估措施的資料，如主管是否經常與受訪者討論工作績效、主管的管理風格、主管的督導方式、績效評估及面談通知的時間、面談內容、面談持續的時間等。

問卷調查蒐集來的資料應加以充分運用，作為調整或改善現行績效評估管理制度的重要工具，通常調查所得的資料可以作以下用途：

- 評核現行績效評估制度的妥適性。
- 了解員工對現行績效評估管理制度的態度與意見。
- 找出績效評估制度設計與執行過程的問題。
- 提供回饋給評估者與被評估者，並作為新訓練方案的參考。

九、管理員工績效的策略

除了與部屬進行績效面談，提供績效資訊回饋之外，主

管尚應針對員工的績效情形，採取後續管理活動，以提升或改善員工的績效。倫敦（London）建議管理者依據「員工的能力」與「工作動機」這兩個指標高低，採行適當的管理措施。

　　圖表 5-6 顯示能力與動機都高的「良駒」，管理者應提供他們適當的獎勵及發展機會，對於動機高昂但能力不足的「蠻牛」型員工，主管應給予正確的指導，協助他們設定短中長期目標，經常性的績效回饋，提供訓練或指派任務來協助員工發展，如部屬才不適所，則調整工作任務。

圖表5-6　管理員工績效之策略

	能　力	
	高	低
高（動機）	**良駒** 獎酬績效 提供發展機會	**蠻牛** 指導 經常性績效回饋 目標設定 訓練或任務指派協助發展 工作任務調整
低（動機）	**璞玉** 給予誠實直接的回饋 提供諮商 團隊建立與衝突解決 績效獎酬 訓練 壓力管理	**朽木** 直接告知績效問題 凍結薪資 降級 外部安置就業 解雇

動
機

對於知識、能力高，但工作動機不強的「璞玉」型員工，則應給予誠實、直接的回饋，提供諮商強化其動機，建立團隊與解決衝突，甚至可採取壓力管理方式，促使他們提高對工作的投入程度。最後，對那些能力既不佳，工作動機又低的「朽木」型員工，則應先協助輔導，若仍未改善，則宜採取較強硬的措施，包括直接告知績效問題、凍結薪資、降級，甚至資遣解雇。

　　有些企業採取「九宮格」的矩陣模式作為接班計畫與員工發展的人才評鑑管理工具，九宮格的縱軸通常是「績效」，分為高、中、低 3 級，橫軸為潛能（potential），也分為高、中、低 3 級，共劃分為 9 個區塊。

　　以早期奇異公司為例，右上角表現最好的稱為模範（role model），左下角的一塊稱為待改善（unsatisfactory），到了伊梅特（Jeff Immelt）擔任奇異執行長，2008 年起將潛能改為價值（value），奇異的價值共有 5 項，包括對外關注力、清晰洞察力、想像力與執行力、包容力、專業，將組織文化納入，結合員工績效表現，作為人才評鑑與發展的基礎。

　　不過，奇異公司全球領導力人才開發專案總監黃玉真指出，近年來奇異已改用「奇異信念」（GE belief）取代「奇異價值」（GE value），讓員工在工作行為中體現，同時摒棄人力資源管理界奉為圭臬的人才九宮格，不再對人才做評等，改為採用績效發展的方式，著重主管與員工之間的持續溝通與互動。

　　由此可知，績效管理的方式與運用，應隨著組織的文

化、願景、核心價值，以及經營策略的演進做適當調整，並非一成不變。

參考文獻

1. Armstrong, M. (2017). *Armstrong on Reinventing Performance Management: Building a Culture of Continuous Improvement*. London: Kogan Page.

2. Bracken, D. Rose, D. & Church, A. (2016). The Evolution and Devolution of 360° Feedback, *Industrial and Organizational Psychology*, 9(4), pp. 761–794.

3. Doerr, J. (2018). Measure What Matters: How Google, Bono, and the Gates Foundation Rock the World with OKRs. 許瑞宋 譯 (2019). OKR 做最重要的事，台北：天下文化。

4. London, M. (1997). *Job Feedback: Giving, Seeking, and Using Feedback for Performance Improvement*, Mahwah. NJ: Lawrence Erlbaum Associates.

5. Mohrman, A. M., Resnick-West, S. M. & Lawler, E. E. (1989). *Designing Performance Appraisal System*, San Francisco: Josey-Bass Publishers.

6. Pawar, Y. (2017). How to differentiate performance appraisal from performance management? *Performance Reviews*. April 18, 2020 retrieved from: https://upraise.io/blog/performance-appraisal-management/

7. Spencer, L. M., & Spencer, S. M. (1993). *Competence at Work: Models for Superior Performance*, New York: John Wiley & Sons, Inc.

8. EMBA 雜誌（2017），變局下的人力資源轉型，EMBA 雜誌第 374 期，2020 年 5 月 27 日 取 自 網 址：https://magazine.chinatimes.com/emba/20171002003066-300216。

9. 曾如瑩（2012），企業用人該不該設員工淘汰線？商業週刊，第 1301 期，頁 37-40。

10. 黃同圳、Byars 及 Rue (2016)，人力資源管理：全球思維、台灣觀點，第 11 版，台北：麥格羅希爾。

11. 楊蒨蓉（2019），第一次大戰的美軍績效制影響全球企業一百年，商業週刊，第 1675 期，頁 92-93。

12. 蔡靚萱及侯良儒（2020），AI 隨手抓像水電一樣：專訪華碩施崇棠，迎戰新趨勢的「馬、雷、O」管理法，商業週刊，第 1695 期，頁 60-64。

第 6 課

認識策略人力資源管理

策略人力資源管理以組織宏觀視角，觀照人力資源管理議題。然而人力資本由個人出發，策略人力資源管理也應見樹又見林，既要能理解外部環境及企業策略的意涵與轉變，又要深入了解個人行為基礎，分拆或統整的運用各式人力資源管理活動，創造組織績效與個人福祉的雙贏。

- 什麼是策略人力資源管理？
- 人力資源是什麼樣的資源？
- 人力資源管理活動與策略的連結
- 人力資源管理與制度環境的連結
- 策略人力資源管理的實踐
- 結語

▼

劉念琪

現為國立台灣大學工商管理學系暨商學研究所教授，於美國明尼蘇達大學人力資源暨勞資關係學系取得博士學位。曾任教於國立清華大學工業工程與工程管理學系、國立中央大學人力資源管理研究所，也曾擔任科技部TSSCI一級期刊《組織與管理》與現任《人力資源管理學報》總編輯。

高度參與政策研究及服務，主持或參與勞動部、經濟部及考試院的相關政策研究案，及擔任相關政策諮詢委員。主要研究與教學領域為策略性人力資源管理、員工獎酬、友善職場、技術與工作演化、組織設計與變革、組織理論。

一、什麼是策略人力資源管理？

在人力資源管理研究領域中，策略人力資源管理（strategic human resource management，SHRM）是一個相對年輕的研究主題，但迄今也已有 30 年的發展歷史。

策略人力資源管理的概念，初始於探索人力源管理活動與組織績效的關聯，但近年來的發展，包括探討人力資源管理活動如何影響績效的內部過程、人力資源眾多活動間運用的配適邏輯、人力資源管理活動與組織其他外部因素的關聯（如技術、環境、制度、各種利害關係人等）、人力資源與組織績效關係等各項議題，均被視為策略人力資源管理範疇。

學者多半認為策略人力資源管理，就是宏觀（macro perspective）的人力資源管理。然而策略人力資源管理最核心的問題，是在回答人力資源管理活動與組織績效的關聯，因此在理解策略人力資源管理的基礎思考架構，仍應回到此一議題。為回答此一問題，眾多研究都將企業的價值與人力資源加以連結，人力資本與知識都被視為是企業的重要無形資產，因此如何創造與善用這些無形資產以獲得競爭優勢，就成為重要的管理議題。

1. 策略人力資源管理的核心思維

依據資源基礎觀點（resource-based view），策略人力資源管理學者更進一步指出組織的競爭力，來自員工的人力資本與社會資本，由於企業擁有的知識大部分是存在於人力資本

中，因此企業必須重視人力資源的取得、發展與運用，而企業匯聚與運用人力資本與社會資本的能力，也成為競爭力的重要關鍵[1、2]。

Wright, Dunford, and Snell（2001）[3]所提出的策略與策略人力資源管理整合觀點，是人力資源管理與績效連結最常被提及的模型之一（圖表 6-1），他們將人力資源管理系統、智慧資本（人力資本、社會資本與組織資本）、知識管理、動態能耐及組織績效等策略管理與人力資源管理重要概念整合在同一模式，建構出策略人力資源管理理論的基礎思考脈絡。

在 Wright, Dunford and Snell 模型中的策略人力資源管理

圖表6-1　人力資源管理與組織核心能耐

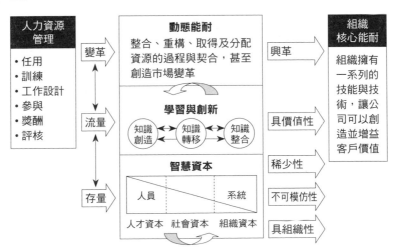

資料來源：Wright, P.M., Dunford, B.B. and Snell, S.A. (2001). 'Human resources and the resource base view of the firm'. Journal of Management, 27: 701-721.

概念，主要在於嘗試連結人力資管理活動與數項策略管理中重要組織能耐概念的關聯，他們將幾個重要的策略概念及理論，涵納入策略人力資源管理的模型[i]。從圖表 6-1 中可以看出，最左邊的人力資源管理活動，透過建立 3 種組織重要的資源與能耐，進而影響組織核心能耐及組織績效。人力資源管理活動的影響有下列 3 項：

- 建立組織的重要資源存量——智慧資本，包括人力資本、社會資本與組織資本。
- 新方向的組織學習與創新的組織能耐，包括知識創造的流程與機制。
- 與變革相關的動態能耐，此項能耐讓組織能感知環境變化（sensing）、獲取必要資源（seizing），進而重組組織資源組合（reconfiguring），因應市場變化（Teece, 2007）[4]。

更仔細看，可發現這 3 類重要的組織資源及能耐都和人有關。智慧資本討論個人、人際及多人組成的各種資源，人也是知識創造過程的主體，最後討論動態能耐，更是涉及個人和組織對環境的偵測、適應，及對資源創造性重組的能力。因此 Wright, Dunford and Snell 認為，企業如何利用人力資源管理活動，推動個人、群體及組織形成這些組織資源及能耐，以達成組織績效，是策略人力資源管理的核心思惟。

2. 實踐策略的重要環節

人力資本與組織能耐在價值創造中扮演的角色，由企業

的策略選擇來決定。Barney（1991）[5]指出策略是企業用以達到競爭優勢的理論，而資源主要價值，在於協助企業探索及抓住外部機會、降低環境威脅，因此資源必須能與外部環境的要求有密切連結，才有可能展現其價值性。而策略人力資源管理就是利用人力資源管理功能，取得或培育能協助組織因應環境的人力資本與組織能耐，創造組織績效。

Noe, Hollenbeck, Gerhart and Wright（2019）[6]則將人力資源與人力資源管理，整合到策略管理的流程中。圖表 6-2 為策略管理流程，而人力資源管理被定位為策略實踐過程的一環，並且與組織使命、目標及內外部分析相連結。由 Noe 等人的模式中，可看出策略目標帶領出組織對人力資源的需求，並進一步影響組織的人力資源管理活動採用；而人力資源管理活動再接續影響員工的人力資本及工作行為，最後促進組織績效。

這個模型與圖表 6-1 的差別在於，圖表 6-1 僅強調策略實踐的部分，顯示人力資源管理活動用於塑造人力資本與組織能耐；但圖表 6-2 的模型更細緻指出，對人力資本與組織能耐的需求，是由組織的策略目標所決定，當組織在思考策略時，應該同時思考對人力資本與組織能耐的需求，如此才能設計合宜的人力資源管理活動，促進策略的落實。

Noe 等人的模型仍有學者認為無法具體回答人力資源管

---

[1] 本架構包含了資源基礎觀點（Resource-based view）下的智慧資本論（intellectual capital perspective）、知識基礎觀點（knowledge-based view）以及動態能耐觀點（dynamic capabilities perspective）。

圖表6-2　策略管理流程模型

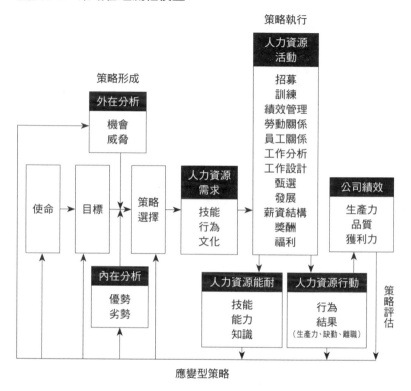

策略執行

人力資源活動

招募
訓練
績效管理
勞動關係
員工關係
工作分析
工作設計
甄選
發展
薪資結構
獎酬
福利

策略形成

外在分析

機會
威脅

內在分析

優勢
劣勢

使命 → 目標 → 策略選擇 →

人力資源需求

技能
行為
文化

公司績效

生產力
品質
獲利力

人力資源能耐

技能
能力
知識

人力資源行動

行為
結果
（生產力、缺勤、離職）

策略評估

應變型策略

資料來源：Noe, R. A., Hollenbeck, J. R., Gerhart, B., & Wright, P. M.(2019). Human resource management. Gaining a Competitive. NY: New York. McGraw-Hill Education.

理活動、人類行為與組織績效的關聯。也就是說，策略人力資源管理的模型，應更具體的回答人力資源活動如何影響個體個人及集體多人，再匯聚成對更高層級的組織能耐的影響。

　　同時隨著領域的擴大與成熟，愈來愈多研究者投入與關注，學者們追求策略人力資源管理的理論立論更加深化。主

要論點的討論，包括了策略人力資源管理中最主要的人力資源管理系統概念，也就是應如何組合人力資源管理系統，活動之間才會產生互補（complementarities）效果？這部分也就是所謂的人力資源管理活動的內部配適議題（internal fit）。

其次則是人力資源系統如何影響個人行為再到組織績效，這部分的中介過程到底是什麼？這就是常被提及的策略人力資源管理的黑盒子（black box）議題。當然還有前述提及的環境因素，如何影響人力資源管理系統運用的外部配適（external fit）議題。此外，還有學者更深入探討人力資源的資源特性等議題。

這些議題呈現出策略人力資源管理的複雜性，Jiang & Li（2019）[7] 嘗試匯聚這些議題的相關討論，提出一個整合性模式，雖然仍不是全面性回答上述問題，但仍對策略人力資源的議題，提供了較為多面向的理解。

3. 跨越層級的思考模式

Jiang and Li 提出了更細緻的策略人力資源管理模型（圖表 6-3）。在這個模型中，帶入策略人力資源管理跨層次的概念，而這個跨層次的概念在前兩個模型中，都未被深入討論。Jiang and Li 指出，策略人力資源管理應該以跨層級（meso）的觀點，理解人力資源管理在組織競爭力中所扮演的角色。

也就是說人力資源管理活動，直接影響到組織內成員個人的人力資本及工作行為。這個模型與 Wright, Dunford and

圖表**6-3** 策略人力資源管理模型

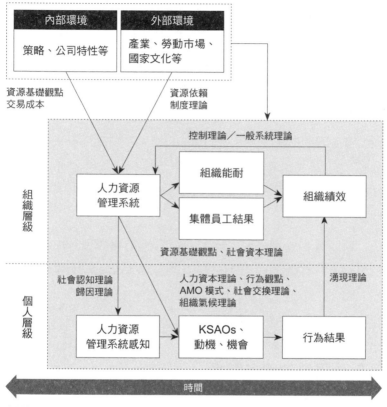

資料來源：Jiang, K., and Li, P.(2019). Models of strategic human resource management. In A. Wilkinson, N. Bacon, S. Snell，& D. Lepak(ed..), Sage Handbook of Human Resource Management. Thousand Oaks, CA: Sage. Pp. 23-40.

Snell 模式（圖表 6-1）的差別，在於呈現出人力資源管理不能僅由組織層級觀察，若要了解人力資源活動如何影響組織績效，必須將人力資源管理活動，對個人層級及組織層級的影響同時加以考慮。

這個理由在於人力資源及相關組織能耐的組成基本元素是個人，不僅是無形資源，在所有權（ownership）的觀念上更是與其他資源不同，因此要思考人力資源對組織績效的貢獻，就必須涵括個體層級的討論。

　　因此這個模型納入人力資源管理系統如何對個人行為產生影響，在圖表 6-3 的下半部分，Jiang and Li 認為社會認知理論及歸因理論是主要的解釋理論，並且運用能力動機及機會（Ability, motivation, opportunity，AMO）模型、社會交換理論與組織氣候理論，作為解釋個體行為以及績效表現的主要說明邏輯。

　　圖表 6-3 的模式同樣整合了策略人力資源管理中組織層級的模式，在圖中可看出，最上層為環境的影響，內外部環境和系絡因素會影響組織的人力資源管理系統。其中解釋內部因素的理論為資源基礎論與交易成本理論；用於解釋外部環境影響的理論為資源依賴論與制度理論；解釋人力資源管理系統對組織績效影響的理論為資源基礎論與社會資本理論。

　　雖然 Jiang and Li 模式涵納多種理論，但在目前的策略人力資源管理相關研究中，在組織或集體層級運用最廣的理論，仍以資源基礎論為主；而在個體層級的討論，AMO 模式及組織氣候是最常被運用的概念。因此本文將先探討人力資源的資源特性，進而討論人力資源管理如何與策略及制度環境進行連結。

　　接下來再討論人力資源管理作為組織政策，如何影響個人人力資本及行為，這部分將著重人力資源管理系統的概

念，以及組織氣候中介角色的討論。

二、人力資源是什麼樣的資源？

　　若以資源基礎論作為策略人力資源管理的最基本思考，就必須更深入探討人力資源這個概念。在資源基礎理論中，企業因為具備有價值（Valuable）、稀少（Rare）、不可模仿（Inimitable）及不可替代（Non-substitutable）等特性的資源及能耐，因此才能創造持續性的競爭優勢（Barney，1991）。

　　在資源基礎理論的討論中，在檢視人力資源與其他資源是否具備以上特性，以討論其對組織績效的可能影響，但卻忽略了人力資源有別於其他組織資源的獨特特性，也就可能忽視在策略運用人力資源時的關鍵問題[8、9]。

　　以策略角度思考人力資源，往往又被稱為策略人力資本（strategic human capital）觀點。學者們指出，相較其他不同類型資源（如財務資源、實體資源等），人力資源或人力資本具以下獨特的特性：

1. 存在於多層級（multiple levels）

　　這裡的多層級，可以區分為個人層級（individual level）及集體層級（collective level）。個體層級人力資源，也就是指個人人力資本，人力資本是指組織內成員所擁有的認知型及非認知型特質，包含個人擁有的知識（knowledge）、技能（skills）、能力（ability）及其他特質（others），簡稱為

KSAO。

　　基本上 KSAO 是以個人層次的方式貯藏，雖然過去多認為個人人力資本主要是經由群體之間的分工，才能對組織績效有所影響；但近期的討論中，個人人力資本對知識創造、組織決策及興業冒險等重要組織活動關聯更緊密，與組織績效關聯也更加明顯。因此個人層級的人力資源，也被視為是重要的組織資源。

　　而在集體層級，則為眾多個人人力資本所組成的集體人力資源，存在於團體或組織層級。集體層級的人力資源，是過去最常被與組織績效進行連結的人力資源概念，但學者並不認為集體層級的人力資源是由個人人力資本簡單加總而成。

　　因為將個人層級人力資本加總，意味著組織人力資源是由個人人力資本存量累加，但這樣累加的數值，未必代表有同樣累加的數量可以提升組織績效；更進一步來看，作為可以貢獻績效的組織層級的人力資源，其實是要經由人與人之間的複雜互動，才能真正形成。

　　因此學者認為組織在面對不同層級的人力資源，在概念及運用上都應分別思考，才能深刻理解人力資源與組織績效的關聯（Ployhart and Moliterno, 2011）[10]。

2. 高度異質性（Heterogeneity）

　　由於每個個人在 KSAO 上擁有的特性及程度均不相等，因此每個個體擁有的人力資本並不相同。

　　如果把每個人當作是個體人力資源的單位，就會發現，

每一人力資源單位在質與量上均不相同，這就是個體人力資源的異質性。因此當組織在進行人力資源盤點時，員工人數的概念，僅代表著人數或工時數的意涵，並無法真正表徵出組織的人力資源存量。

組織還是要依照其他人力資本的指標，例如 KSAO、學歷、經驗、職能等等，進行不同的衡量及整理，才能對公司的個體人力資本存量有所了解。同時也由於個體人力資源異質，代表個人能耐及動機因素不相同，公司無法用全然齊一性的措施管理人力資源，因此多元管理（diversity management）的重要性更加顯著[11]。

就集體層級來看，整體性人力資源存量以及組織資源與能耐（如社會資本、組織資本、組織文化、知識創造、組織學習及動態能耐等等），都是由個體人力資源所組成，但形成這些組織能耐，需經由個人間複雜的互動而漸次成形。因此這樣的創造過程，往往具有社會複雜度與因果依存性，而這更形成了不易複製性，也使得集體層級的人力資源與組織能耐，在組織間具備了異質性與稀少性，成為組織長期性競爭優勢的來源[12]。

3. 具不耗竭性（non-depletion）

人力資源的第三個獨特特性是具不耗竭性，是指人力資源本質上屬於會成長的資源，不但不因使用而耗竭，反而在運用的過程中成長。雖然其他資源（如金錢）也可能具備此種特性，但人力資源的成長特性，是組織價值創造資源的必

要條件；同時雖然人力資源具有成長的本質，仍舊需要有良好的促動，才會持續成長，因此人力資源的成長是組織管理的重要議題。

此一特性是來自於個人與組織的學習，個體與集體層級的人力資源，都會因為學習而成長[13]。就個體層級人力資源來看，個人在工作中直接學習，也透過組織安排的正式機制學習，這種過程常被稱為是組織的人力資源發展（human resource development）。

就策略人力資源管理的觀點而言，會關注到這種過程所持續發展的人力資本，屬於一般性人力資本（general human capital）或者是組織特定性人力資本（firm specific human capital），因為發展出的人力資本類型，會進一步影響到個體人力資本的移動可能性（mobility），也會回歸影響到組織長期發展，以及對於人力資本投資的意願及策略選擇[14]。

集體層級人力資源的不耗竭性，則來自於組織學習。集體層級人力資源的持續成長，是現代組織的重要任務，因為環境變化快速，組織學習是組織用以因應環境的重要手段。組織學習代表著新知識由個體取得，其後在組織內傳播，整合再造，創造新知，最後再貯藏於更多個人及組織記憶的過程[同13、15、16]。因此集體層級的人力資源，大多與其他組織知識創造的概念，如知識管理、結構資本、組織常規等有極大的關係。

然而不耗竭性並不代表資源永久具有價值性，人力資源的成長，無論在個體或集體層級，都有可能會陷入能耐陷阱

（competence trap）的困境中 [17]，如何突破成長與受限的兩難困境，成為近年來廣受矚目的組織變革及動態能耐的核心議題。

4. 所有權不屬於組織

最後一個特性，也被認為是人力資源與其他資源最大的差別，就是人力資源的所有權並不屬於組織。人力資源的所有權是存在於個人自己，組織僅是透過複雜的交換過程，也就是雇用關係的維持，得以運用人力資源（Wright and McMahan, 2011）。學者也稱這個重要的人力資源特性，就是人的自由意志（Free will）。

自由意志是指人類行為由自己決定，個人也可以透過雇用關係，讓組織暫時性的擁有運用個人人力資本的權利，但同時個人也可以在自由意志下，決定人力資源在工作上的使用方向與程度，或者決定不再讓組織使用自己的人力資源。因此組織如何維持和個人良好的雇用關係，才可能真實擁有人力資源的個人，願意連續性的將個人人力資本運用於組織目標上 [18]。

在知識創造愈來愈重要的競爭環境下，組織對個人創造力及自主投入的期待更甚以往，此時對個人而言，工作上自由意志的運用，可能會更加顯著。而這時組織可能面對著一方面期待個人可以自主發揮人力資本，創造組織績效；但另一方面也要面對自由意志強大的個體，對組織與個人的連續交換關係有更多的期待與要求，也同樣可能出現道德風險的

交易成本。因此組織不僅必須由管理的角度思考人力資源的運用，更需由契約交換的角度，思考人力資源與組織之間的關係本質 [19～21]。

　　人力資源在創造組織價值中的角色，會因組織對經營模式的設定而不同。當組織想要運用的是人力資源，而不僅是勞動力時，管理難度就會多倍上揚；當工作者意識到個人才是人力資源擁有者時，傳統組織權力結構效用就會不如以往。

　　由於人力資源是高度複雜且具獨特性的資源，當組織期待透過人力資源在產業高度競爭、技術快速變化、需求不斷改變的經營環境裡，協助組織創造競爭優勢，則組織也將面對更加困難與複雜的人力資源管理挑戰。因此，理解人力資源的資源本質及可能影響，是策略人力資源管理的思惟起點。

三、人力資源管理活動與策略的連結

　　人力資源管理活動要展現其策略關聯性，應該更具體的回應人力資源管理如何與外部環境連結。

　　Lawler（2005）[22] 曾具體指出，人力資源管理有兩種與策略連結的方式，第一種為承接策略往下展開的事業伙伴（business partner）角色；第二種則為直接與環境對接，提供重要資訊協助策略制定的策略伙伴（strategic partner）角色。同時 Lawler 認為策略人力資源管理運用的措施機制，不僅包含人力資源管理活動，還擴及組織設計以及組織變革兩種組織機制。

圖表6-4　事業伙伴

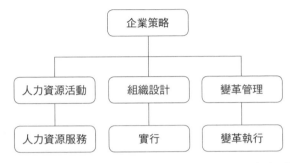

資料來源：Lawler, E.E. III (2005), From human resource management to organizational effectiveness, Human Resource Management, 44(2), pp. 165-169.

1. 事業伙伴類型

　　事業伙伴類型的策略人力資源管理，就是必須了解企業目前所在的產業環境、營運模式及價值創造鏈等，並由此提出應對的組織設計、人力資源管理政策及變革流程。這個過程，也就是人力資源管理的外部配適（圖表 6-4）。

　　事業伙伴的策略人力資源管理思惟，接近 Becker and Huslied（2006）[23] 所提出：人力資源管理要找到本身在策略中的角色。Becker and Huslied 認為人力資源管理的角色應該由公司策略的活動系統（activity system）中尋找，活動系統是 Porter 在 1996 年提出，他認為策略是企業「刻意選擇一組不同活動，以提供獨特的價值組合」，Porter 也指出「在活動系統基礎上建立的定位，比建立在單一活動的定位更持久」[24]。

　　Porter 以西南航空為例，繪出西南航空的活動系統（圖表6-5），圖中可看出企業內部的活動及活動之間的關聯，由於

圖表6-5　西南航空的活動系統

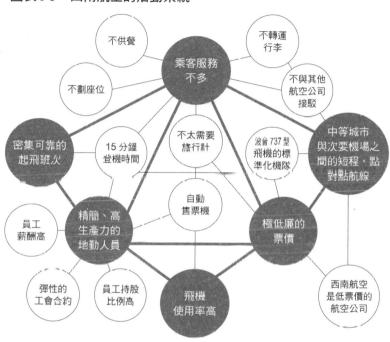

不供餐

不轉運行李

不劃座位

乘客服務不多

不與其他航空公司接駁

密集可靠的起飛班次

15分鐘登機時間

不太需要旅行社

波音737型飛機的標準化機隊

中等城市與次要機場之間的短程、點對點航線

員工薪酬高

精簡、高生產力的地勤人員

自動售票機

極低廉的票價

彈性的工會合約

員工持股比例高

飛機使用率高

西南航空是低票價的航空公司

資料來源：Porter, M. E. (1996/2007). 高登第、李明軒譯，〈策略是什麼？〉《哈佛商業評論》，
https://www.hbrtaiwan.com/article_content_AR0000427.html

這些活動構築企業的流程與任務，也能夠與員工的工作設計相連接，因此能讓人力資源管理找到適合的切入點，與組織策略進行契合。

　　圖表6-5中可以看到，由於希望停靠機場時間不要太長，登機及地面準備時間也較短，但服務業在旅客服務上仍會遇上較多個案變化，無法把流程全然標準化，因此西南航空需要精簡、高生產力的員工（人力資本），才能夠快速且確實

處理相關旅客事宜。

當對人力資本需求是精簡及高產力時（事實上還有高應變力），顯示是要較少的員工，但高度的投入及有能力因應多變化的服務情境。因此人力資源管理活動，就要著重於如何取得有能力、有彈性的人力資本（更具體則需就工作內容、職能需求，選擇雇用和培育的方式，圖中是以高競爭薪酬為人才取得做法）；以及如何良好激勵員工，維持員工的高度敬業及投入（在圖中也可以看到，西南航空的做法是員工持股及良好的工會關係）。

2. 策略伙伴類型

策略伙伴類型的策略人力資源管理則是指透過人力資本及組織能耐，為組織找到新的發展目標或策略方向，利用人力資源管理活動，系統性的蓄積組織創新與興業，或是因應

圖表6-6　策略伙伴

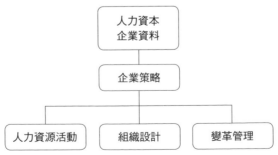

資料來源：Lawler, E.E. III (2005), From human resource management to organizational effectiveness, Human Resource Management, 44(2), pp. 165-169.

環境變化的調適能量，此時人力資源管理並非承接已知的策略方向，而必須是創造策略所需投入資源的啟動力量，這時的角色就是策略伙伴（圖表 6-6）。

當人力資源管理作為策略伙伴時，企業則是扎根在知識基礎（knowledge-based）上，而知識基礎的公司需要以更開放、彈性的方式，進行人力資源管理。由於策略伙伴的意義，在於人力資源投入誘發出新的策略方向，因此人力資源管理的主要任務，就是在為企業取得及培育具創新能力的人力資源，而且這些員工要能夠分享、合作及共同創造，公司才能在環境快速變化中，以動態能耐不斷創新，維持競爭優勢（Helfat and Martin, 2015）[25]。

Google 的人力資源管理可作為策略伙伴的案例，如同前任執行長史密特（Eric Schmidt）所提，Google 想要組合運用各項研發基礎，進　步創新、解決問題，公司的目標在於「希望能想像難以想像的未來，挑戰瘋狂變化的世界」[26]。

這樣的願景，明確表徵出 Google 是以知識基礎立基的組織，而 Google 的人力資源管理，主要也在於孵化更多的創新及技術，因此 Google 著重於吸引智慧創作者，並且營造使他們成功的工作環境，這樣組織才有源源不絕的創新。而且 Google 強調 3 項重要的組織文化特色：具樂趣與意義的工作、透明開放的工作環境、員工實質發聲權。

將塑造工作的主權放回給工作者，強調以構想管理員工，而非以階層管理員工的自由精神；而 Google 也極強調培育以合作帶來創新的工作文化及環境，Google 認為必須給創

新元素更多自由與碰撞，例如給員工 20% 時間計劃，同時公司也致力於建立新點子平台，不但讓員工擁有創新點子自由時間，同時也有平台可以吸引其他同儕以自己的 20% 時間加入，利用這樣由下而上的非規範式創新，讓組織有更多機會發現新目標 [27]。

四、人力資源管理與制度環境的連結

人力資源管理活動與外部環境，除了與組織競爭環境相連結的策略連結外，也必須與制度環境相連結。

事實上，人力資源管理可能是企業管理功能中，與制度環境連結最緊密的一項功能。因為人力資源一方面作為生產元素的考量，效率（efficiency）成了人力資源運用的主要目標；但另一方面，又因為人力資源是以個人為組成基礎，工作者就不僅是生產元素，同時也是企業的利害關係人，也是國家與社會組成的基石；因此個人本身的目標，在制度裡的公平（equity），也成為企業人力資源管理需要達成的組織目標（Budd, 2004）。

這部分也就是說，當企業運用人力資源時，主要是基於市場效率考量，但這樣的效率考量，必須受到人類社會對人基本對待原則的限制。企業所處的制度環境，國家以及社會，均會有一定標準，要求企業人力資源管理必須謹守制度要求的基本義務。

經濟市場的運作思惟下，企業對員工的要求及交換條

件，必須在尊重人性尊嚴及個人生存保護的前提下進行。1999 年國際勞工組織（international labor organization，ILO）所提出的尊嚴勞動（decent work）概念，就是其中一項制度規範的代表；而各國在勞動法規上的規定（例如工時、工資、工作條件、工作安全、健康維護、禁止歧視等），更是制度環境給予人力資源管理的各項要求。

策略人力資源管理，並不僅僅需協助企業因應市場競爭環境的變化，對於勞動及人力資源的制度環境，更是主要的偵測者及因應者。同時由於勞動制度環境與企業競爭環境可能緊緊扣運，企業若是沒有理解及因應勞動制度環境變化的能力，往往也會對企業競爭優勢產生極大的影響。

例如 Uber eat 面對外送員身分的爭議，就是一個由制度環境影響企業營運的例子。Uber eat 以平台的隨選經濟模式（on demand cconomy），進行外送業務，Uber eat 聲稱自己是科技公司，僅提供平台給車輛擁有者自行決定要不要參與提供服務。

但政府及社會大眾對於 Uber eat 與外送員之間是否具有僱傭關係，並不完全同意可以由 Uber eat 與外送員的私有契約來決定；而是需由國家行政、立法或司法機關，透過一定程序來釐清。雖然目前是否為僱傭關係的認定尚未底定，但相關發展可預期的會對 Uber eat 營運產生極大影響。因此如何因應可能的制度環境變化，成為 Uber eat 的人力資源管理必須提前進行的策略思考及規劃。

五、策略人力資源管理的實踐

在組織層級，學者提出了人力資源管理活動可以累積多種組織資源與能耐，以創造組織績效（例如圖表 6-1）。但由於創造這些資源及能耐，仍要由影響個人作為起點，因此人力資源管理活動如何影響個人，再匯集回組織能耐，再至績效，這一連串的過程，相對複雜不易釐清。因此策略人力資源管理學者多稱這個系列影響途徑為策略人力資源管理的黑盒子（Becker and Huslied, 2006）。

1. 人力資源管理系統：活動間的內部一致性

圖表 6-3 整合模式的下半部分，嘗試說明黑盒子的過程。首先人力資源管理活動，在模式中是以組織層級的人力資源管理系統呈現，這個概念清楚指出策略人力資源管理研究近 25 年的主要發現：「若組織同時運用一系列的人力資源管理活動，對組織績效影響將會更加正向顯著」，這裡所謂的系統方式，有兩個重要的面向：一次實施一群（bundle）人力資源管理活動，以及人力資源活動之間要具內部一致性。

目前理論上用於討論人力資源內部一致性的論點，主要為互補性的概念。互補性概念指就 X 或 Y 的邊際利益，會因為同時使用 Y 或 X 而提高，則稱 X 與 Y 之間有互補性；若是 X 或 Y 的邊際利益，會因為同時使用 Y 或 X 而減低，則稱 X 與 Y 之間有替代性。互補性也多被稱為 X、Y 之間有綜效[28]，這樣的概念運用，不僅在策略人資活動的內部一致性議題

上，其實更早就被運用在討論策略互補性資產，對組織績效的綜效影響。

Kang and Snell（2009）[29] 則帶入組織行為理論中，個人組織配適（P-O fit）的概念，進一步討論互補性可以再區分為補充性配適（supplementary fit）以及互補性配適（complementary fit）兩種。

補充性配適是指元素間共同成就相同價值，而在人力資源管理活動集群上，這個概念比較像是兩種或多種活動的效用方向一致，所以加總起來效果更強大。例如在強化人力資本部分，良好的招募甄選與訓練發展，就是各自利用不同途徑，增加組織人力資本的能耐，因此它們之間可以稱為是補充性配適。

互補性配適則為原先綜效的概念，也就是兩種活動的效用不同，但兩者共同使用後有加乘效果（也就是綜效）。例如取得了人力資本後，仍要有好的激勵措施，才能產生好的績效，因此良好的招募甄選與具挑戰性的工作設計，這兩類就具互補性配適。

實際將人力資源管理活動分群，在初期策略人力資源管理研究中，多數是以資料主導的方式，找出活動之間的關聯，Huselid（1995）[30] 就是運用因素分析方法，將人力資源管理活動依共同因素分為「技能」與「動機」兩大類型的集群。雖然 Huselid 本篇論文是以資料主導，但這樣的分群方式也影響了 Appelbaum, Bailey, Berg, Kalleberg and Bailey（2000）[31] 在高績效人力資源系統討論中，所提出的能力動機及機會

（AMO）模式。

　　AMO 模式指出個人工作績效的主要前因即為個人的能力、動機及環境機會，因此人力資源管理活動也應以促進這三個因子為設計考量，以提高員工績效。而 Jiang, Lepak, Hu and Baer（2012）[32] 更運用了 AMO 模式，整理過去策略人力資源管理的研究，進行後設研究。

　　他們將 14 類人力資源管理活動，重新區分為技能增進（skill-enhanced）、動機增進（motivation-enhanced），以及機會增進（opportunity-enhanced）三大群的人力資源管理活動，並分析其與績效的關聯。

- 技能增進：包括措施為招募、甄選與訓練。
- 動機增進：績效評估、薪資、獎酬、福利、升遷、生涯管理、工作安全。
- 機會增進：工作設計、工作團隊、員工參與活動、員工申訴制度、資訊分享。

　　若以補充性和互補性配適的觀點來看，Jiang 等人論文中，同一群內的人力資源管理措施為補充性配適，而不同群的活動則為互補性配適。然而這樣的分群方式，在理論上並非毫無缺點，補充性配適的活動，常被視為替代性措施，例如外部招募和內部訓練，常出現替代性的運用思惟，然而這兩種活動，究竟何時是補充性配適？是否可能是互補性配適？何時又是替代？實是不易立刻回答的問題。

　　事實上兩者活動之間未必一定是同一補充性關係，因為人力資源管理活動本身可能產生的效用非常多元，例如訓練

活動主要當然是在於培育人才，直接累積人力資本；但投資在訓練活動，也可以創造組織聲譽，產生人才市場的訊號效果。而這些不同的效用，與公司招募活動配合使用時，產生的內部一致性效應就會不同。

當公司強調即戰力人才取得時，知識、技能、能力均由市場立即獲取，訓練只會做少量補足，這時外部招募與訓練是替代關係。若強調要取得優秀能力的人才，進來再給予全套訓練培育知識、態度及技能（例如儲備幹部 management trainee 方案），此時外部招募與訓練就是補充性配適關係。而當討論到訓練與人才培育形塑公司雇主品牌時，訓練主要效用在於聲譽，就成了招募時重要的互補性措施。

因此我們不應直接認定活動之間的關聯效果，應該更深入了解人力資源活動在情境下的運用方式，更細緻的思考個別人資活動背後理論，及彼此間互動的可能效應，才能更有脈絡的釐清這些人力資源管理活動的內部一致性，在情境下找到更具意義的人力資源管理的系統性做法。

2. 資源系統到跨層級績效的中介機制：管理氣候

圖表 6-3 模型的第二個重點指出，組織層級的人力資源管理政策，實施時是透過影響員工個人人力資本的存量，以及對人力資源活動的感知（perception），進而影響個人行為與工作績效。而這些行為和工作績效會再累積成組織能耐，影響組織績效。其中員工對人力資源活動的感知，就是員工個人對人力資源管理政策的心理氣候（psychological climate）。

員工的人力資源心理氣候，會透過個人歸因解譯，讓員工進而認知到何種工作行為與態度符合組織期待，以及會給予獎酬 [33]。當公司運用一系列系統性的人力資源管理活動，傳達出密集且一致性高的訊息給員工時，員工就會感受到強烈的人力資源管理心理氣候，更可能理解組織對員工工作態度及行為的期待。

因此 Bowen and Ostroff 也認為，人力資源管理活動的實踐，就像在眾多員工腦子裡，逐漸建立在組織內行事互動的因果地圖（casual map）。過程中員工逐漸理解組織對個人及群體行為的要求，最後員工也會學習到如何恰當的回應這些要求。員工所認知的組織對員工行為及態度的要求，也就會匯聚成員工所認知的組織氣候，影響員工態度及行為。

例如在服務情境下，人力資源管理的要求會匯聚成服務氣候。Hong, Liao, Hu and Jiang（2013）[34] 的後設研究指出，服務相關的人力資源管理活動及一般化的人力資源管理活動，都對公司服務氣候的形塑有正向顯著影響；透過服務氣候，人力資源管理系統能提升工作者在工作滿意、組織承諾、組織公民行為的個人工作行為，而組織在顧客滿意及服務績效上，也有增益的表現。

又例如對團隊合作的要求，Evans and Davis 指出人力資源管理系統會形塑員工對於互惠、角色模仿及組織公民的看法，這些看法也會形成對成員共享的認知，將更有利於促成組織內的人際與團隊合作。Beltran-Martin, Roca-Puig, Escrig-Tena, and Bou-Llusar（2008）[35] 則認為人力資源管理系統可以

從 3 個面向：功能彈性、技能彈性、行為彈性，推動員工認知到在工作、技能及行為上的轉換及學習新事務的必要性，這也能夠增加整體組織的彈性。

因此可以看出，公司的人力資源系統，會透過形成人力資源管理的心理氣候，再進一步形成公司想要塑造的特定的組織氣候（例如服務、彈性、團隊合作等），最終影響到員工的行為及組織績效。

六、結語

策略人力資源管理，就是企業如何在管理人力資本這個迷霧森林，找到前進道路的思惟邏輯。不僅要有遠眺的遠焦能力，能看清森林外目標遠景的方向；更需要有細緻近焦的本領，對於自身所處的森林地景生態深刻掌握。策略人力資源管理就是見樹又見林的思考能耐，既要在企業經營下，理解外部環境及企業策略的意涵影響與轉變；又要能在進行人力資源管理時，分拆或統整的妥善運用各式人力資源管理活動於組織及個人。

透過由外而內思考策略內涵，理解實踐策略時，所需的人力資本、組織能耐及員工行為為何；同時也考量組織工作者的特性及他們的個人需求。兼併思考這兩方條件，以及人力資源管理活動要如何組合與配置滿足這些條件，這才能使人力資源管理活動，達到一定程度的外部配適與內部配適，並進而達成組織績效。

參考文獻

1. Lepak, D. P., & Snell, S. A. (1999). The human resource architecture: Toward a theory of human capital allocation and development. Academy of management review, 24(1), 31-48.

2. Evans, W.R., and Davis, W.D. (2005), 'High Performance Work Systems and Organizational Performance: The Mediating Role of International Social Structure', Journal of Management, 31, 758-775.

3. Wright, P., Dunford, B. & Snell, S. (2001). Human resources and the resource- based view of the firm. Journal of Management, 27, Pp701-721.

4. Teece, D. 2007. Explicating dynamic capabilities: the nature and micro-foundations of(sustainable) enterprise performance. Strategic Management Journal, 28(13), p1319-1350.

5. Barney, J. (1991), 'Firm Resources and Sustained Competitive Advantage', Journal of Management, 17, 99-120.

6. Noe, R. A., Hollenbeck, J. R., Gerhart, B., & Wright, P. M. (2019). Human resource management. Gaining a Competitive. NY: New York. McGraw-Hill Education.

7. Jiang, K., and Li, P. (2019). Models of strategic human resource management. In A. Wilkinson, N. Bacon, S. Snell，& D. Lepak(ed..), Sage Handbook of Human Resource Management. Thousand Oaks, CA: Sage. Pp. 23-40.

8. Chadwick C. & Dabu. A. (2009). Human Resources, Human Resource Management, and the Competitive Advantage of Firms: Toward a More Comprehensive Model of Causal Linkages. Organization Science. 20(1): 253-272.

9. Wright, P. M., & McMahan, G. C. (2011). Exploring human capital: putting 'human' back into strategic human resource management. Human Resource Management Journal, 21(2), 93-104.

10. Ployhart, R. E., & Moliterno, T. P. (2011). Emergence of the human capital resource: A multilevel model. Academy of Management Review, 36(1), 127-150.

11. Kossek, E.E., Lobel, S.A., & Brown, A.J. (2006), Human Resource Strategies to Manage Workforce Diversity, in A.M. Konrad, P. Prasad and J.M. Pringle(ed.), Handbook of Workplace Diversity, Thousand Oaks, CA: Sage, pp. 54- 74 .

12. Barney, J., Wright, M., & Ketchen Jr, D. J. (2001). The resource-based view of the firm: Ten years after 1991. Journal of management, 27(6), 625-641.

13. Argote, L., & Miron-Spektor, E. (2011). Organizational learning: From experience to knowledge. Organization science, 22(5), 1123-1137.

14. Campbell, B. A., Coff, R., & Kryscynski, D. (2012). Rethinking Sustained Competitive Advantage from Human Capital. Academy of Management Review,37(3), 376-395.

15. Crossan, M. M., Lane, H. W., & White, R. E. (1999). An organizational learning

framework: From intuition to institution. Academy of management review, 24(3), 522-537.

16. Huber, G. P. (1991). Organizational learning: The contributing processes and the literatures. Organization science, 2(1), 88-115.

17. Levinthal, D. A., & March, J. G. (1993). The myopia of learning. Strategic management journal, 14(S2), 95-112.

18. Coyle-Shapiro, J. A., & Shore, L. M. (2007). The employee–organization relationship: Where do we go from here?. Human resource management review, 17(2), 166-179.

19. Budd, J. W. (2004). Employment with a human face: Balancing efficiency, equity, and voice. Ithaca: New York. Cornell University Press.

20. Kim, J., & Mahoney, J. T. (2010). A strategic theory of the firm as a nexus of incomplete contracts: A property rights approach. Journal of Management, 36(4), 806-826.

21. Rousseau, D.(1995). Psychological contracts in organizations: Understanding written and unwritten agreements. Thousand Oaks, CA: Sage publications.

22. Lawler, E.E. III (2005), From human resource management to organizational effectiveness, Human Resource Management, 44(2), pp. 165 169

23. Becker, B & Huselid, M. (2006). Strategic human resource management: Where do we go from here? Journal of Management, 32, 898-925.

24. Porter, M. E. (1996/2007). 高登第、李明軒譯，〈策略是什麼？〉《哈佛商業評論》，2020/6/1取自：https://www.hbrtaiwan.com/article_content_AR0000427.html。

25. Helfat, C. E., & Martin, J. A. (2015). Dynamic managerial capabilities: Review and assessment of managerial impact on strategic change. Journal of management, 41(5), 1281-1312.

26. Schmidt, E. & Rosenberg, J. (2014)，李芳齡譯，〈Google 模式：挑戰瘋狂變化世界的經營思維與工作邏輯〉，《天下雜誌》，台北。

27. Bock, L.(2015), 連育德譯，《Google 超級用人學》，天下文化，台北。

28. Milgrom, P., & Roberts, J. (1995). Complementarities and fit strategy, structure, and organizational change in manufacturing. Journal of accounting and economics, 19(2), 179-208.

29. Kang, S.-C. & Snell, S. A. (2009), Intellectual Capital Architectures and Ambidextrous Learning: A Framework for Human Resource Management. Journal of Management Studies, 46: 65–92.

30. Huselid, M.A. (1995), 'The Impact of Human Resource Management Practices on Turnover, Productivity, and Corporate Financial Performance', Academy of Management Journal, 38, 635-672.

31. Appelbaum, E., Bailey, T., Berg, P., Kalleberg, A. L., & Bailey, T. A. (2000).

Manufacturing advantage: Why high-performance work systems pay off. Cornell University Press: NY, Ithaca.

32. Jiang, K., Lepak, D. P., Hu, J., & Baer, J. C. (2012). How does human resource management influence organizational outcomes? A meta-analytic investigation of mediating mechanisms. Academy of management Journal, 55(6), 1264-1294.

33. Bowen, D.E., & Ostroff, C. (2004), 'Understanding HRM-firm Performance Linkage: The Role of the "Strength" of the HRM System', Academy of Management Review, 29, 203-221.

34. Hong, Y., Liao, H., Hu, J., & Jiang, K. (2013). Missing link in the service profit chain: A meta-analytic review of the antecedents, consequences, and moderators of service climate. Journal of Applied Psychology, 98(2), 237.

35. Beltran-Martin, I., Roca-Puig, V., Escrig-Tena, A., & Bou-Llusar, J. (2008). Human resource flexibility as a mediating variable between high performance work systems and performance. Journal of Management, 34, 1009-1044.

第 7 課

國際人力資源管理

國際人才管理思維是企業成功,且永續拓展國際業務的重要成功方程式。當企業內有愈來愈多不同國籍、多元文化員工進入管理階層,員工將有更高的外派意願,而且最看重的不再是薪資福利,而是國際經驗,這就代表國際人才管理策略是成功的。

- 國際商業環境中的文化情境
- 隱形競爭力:文化智商與國際經驗
- 國際人才管理思維
- 外派人員管理措施總覽
- 台灣企業外派人員管理實務

▼

王群孝

加拿大麥克馬斯特大學組織行為與人力資源管理博士，現任國立中央大學人力資源管理研究所副教授兼所長。曾任麥克馬斯特大學商學院講師、留學機構 Red River Study 創辦人，並曾獲數次國立中央大學校級與院級「教學優良獎」。

研究專長為國際人力資源管理、策略人力資源管理、員工主動行為及好奇心等。

原本就複雜多變的國際商業環境，近期更因為區域貿易角力、新冠肺炎疫情等因素，進入了急速變遷的新時代。在這個新時代中，企業不僅需要營運國際化，更需要全球布局多元化，以降低任何可能的潛在風險，這對於許多台灣企業的戰略布局而言，代表著供應鏈的「去中心化」已不可逆，要從單一大規模的生產模式，轉型為跨境於數個不同區域、國家的生產模式，甚至是直接前往銷售市場生產。

這些改變除了增加企業跨國管理的難度，也彰顯未來國際化人才當道的競爭新關鍵；當愈來愈多台灣企業從台灣走入世界，從跨國企業轉型成真正的國際企業，企業將會更重視培養員工勝任國際業務的能力，使其能夠靈活、有效的行走於世界各地，和不同文化、背景的人交流。

一、國際商業環境中的文化情境

全球化的環境中，企業與員工需要在不同國家環境中進行商業活動，許多國際企業常發現原本在母公司成功的管理模式，到了海外卻無法適用於另一個國家，導致海外單位長時間無法提升經營績效，而造成管理不易的原因，往往是母國與海外單位的文化差異。

因此，為了有效進行跨國管理，企業與國際化人才首先需要了解不同國家的文化背景。

對此，荷蘭社會心理學家霍夫斯塔德（Greet Hofstede）提出文化構面模型，這是眾多文化構面理論中最著名、也是

最常被管理學者用來解釋文化差異的依據。霍夫斯塔德在 IBM 工作期間創立人力研究部門,進行了一項大規模的員工態度調查,共調查 IBM 遍布全球 50 個國家分公司、近 12 萬名員工,之後又陸續對不同企業與研究對象進行多次研究,發現員工工作態度與價值觀受到國家文化顯著影響,而國家文化主要可以分為以下 5 個構面。

1. 權力距離

指對於組織中權力分配不平等的接受程度。在高權力距離文化中(如越南),官僚階層體制較可被接受;低權力距離文化中(如英國),權力平均分配被高度期待。

2. 個人主義/集體主義

指個人融入團體的程度,也就是「我」與「我們」的價值觀差別。高個人主義文化中(如美國),優先考量的是自身利益與成就;高集體主義文化中(如印尼),優先考量的則是團體利益與決定,例如印尼的穆斯林開齋節,除了慶祝齋戒月的結束,更強調忘掉與他人在過去一年中的糾紛。

3. 不確定性迴避

指對於不確定性和未知環境所造成的威脅,嘗試避免的程度。高不確定性迴避文化中(如日本),人們期待一套明確的制度,例如日本的終身雇用制,就是用來避免換工作所產生的不確定因素;低不確定性迴避文化中(如香港),人們

則是普遍較能接受程序中存在的模糊地帶。

4. 陽剛主義／陰柔主義

指對於傳統男女性角色定型程度的差別，例如，陽剛主義文化中（如日本），男女性角色差別較大，且強調每個人，特別是男性，應當果決與注重工作成就；陰柔主義文化中（如瑞典），男女性角色差別較小，每個人都應該謙虛與重視生活品質，例如瑞典是世界第一個開放父母都可以申請產假的國家。

5. 長期導向／短期導向

指看重未來價值或是現在價值的程度差別，在高長期導向文化中（如台灣），人們強調長遠報酬和發展；在短期導向文化中（如加拿大），人們較注重即時的獎勵（有興趣的讀者，可上網搜尋 Hofstede Insights，進行各國文化構面的比較）。

企業與國際化人才前往高文化構面國家時，需要調整人力資源管理措施來符合當地文化價值，比如，許多研究發現個人主義與低權力距離員工，較接受參與式領導，集體主義與高權力距離員工，則較接受魅力型領導；個人主義員工較在乎獎酬分配中的個人公平，集體主義員工則較在乎平等；個人主義與陰柔主義員工期望參與決策討論，集體主義、陽剛主義與高權力距離員工，則期望由上而下的決策過程。

以上文化構面雖然提供一個快速且簡要認識新文化的方

式，但此研究調查畢竟為整體的國家平均值，就算在一個高權力距離的國家，也可能和一群傾向低權力距離的同仁共事。因此，一個優秀的國際化人才在前往他國工作時，除了認知國家整體文化屬性外，還需要做幾項額外的確認：

- 該地區的特殊文化，如美國中部各州多半是保守派主義，但威斯康辛州（Wisconsin）就是少數的極自由派主義，特別是首府麥迪遜（Madison）。
- 當地的產業特性與企業文化，特別是一個強烈的企業文化，儘管與當地主流文化價值有些微差異。
- 盡可能花時間認識每一位當地同仁，因為學習背景、世代差別、海外生活經驗等因素，會造成對新文化觀點接受程度不同，可以依每個同仁調整適合的溝通與領導風格。

二、隱形競爭力：文化智商與國際經驗

許多國內外企業創立初期就以國際化為策略目標，期許並準備組織朝全球化經營的方向發展，對此，企業首先需要提升員工的外語能力。例如日本樂天集團在 2010 年實施一項大膽的「英文化」改革計畫，將企業官方語言改為英文，設立多益成績目標等方式提高員工英文能力，讓組織更容易培育、對外延攬國際化人才，最終成為一家業務領域橫跨全世界的國際企業。

在具備足夠的外語能力後，企業還需要重視組織員工文

化智商的養成,以及提供員工所需的國際經驗。

1. 文化智商的養成

除了常見的智商(IQ)和情商(EQ)外,全球化時代另外一個必備的能力就是文化智商(cultural intelligence,CQ),用來衡量一個人在跨文化情境中的理解力和適應力,學者將文化智商分為 4 個面向。

特別一提,因為台灣社會大眾普遍對於某些文化較熟悉與接受,例如日韓與美國文化,但是全世界的文化相當多元,台灣企業的國際布局也愈來愈全球化,因此企業在培養文化智商時,除了提升員工對跨文化的整體意識,還需要聚焦在目前與未來規劃國際布局地點的文化智商。

(一) 認知型 CQ

對不同文化的理解程度,包括宗教、經濟、政治等,比如,是否了解其他文化的(如寮國)的價值觀和宗教信仰?是否清楚芬蘭表達非語言行為的規則,並察覺隱藏的價值觀?(有興趣的讀者,請上網搜尋關於芬蘭非語言行為的卡通 Finnish Nightmares)

(二) 策略認知型 CQ

跨文化知識的自我反思程度,例如當與不同文化背景(如印尼穆斯林)的人互動時,你是否意識到自己使用的文化知識?是否會確認自己文化知識的正確性?

（三）行為型 CQ

跨文化互動時，準確使用符合該文化期待的語言和非語言的行為程度，例如是否會依據跨文化互動的情境需要（如美國），改變自己的語速？改變自己的臉部表情？

（四）動機型 CQ

對跨文化互動的接受與自信程度，例如是否喜歡和來自不同文化（如巴西）的人互動？是否確定自己能處理適應新文化（如莫三比克）所帶來的壓力？

研究發現文化智商能夠對組織產生許多正面效益[1]，例如可以提高員工在國際業務上的績效、跨文化溝通與談判能力、跨文化的領導力，以及在不同文化工作的適應力和工作表現。

至於如何提高文化智商？在人才篩選上，企業可以篩選高經驗開放性及高自我效能感的人才。此外，企業也可以提供跨文化訓練課程，特定文化的知識教育、建立文化同理心的換位思考、教導正確文化行為的角色扮演與示範等，都可以提升員工的文化自我效能感，進而提升文化智商。

最後，企業更可以透過國際經驗來提升員工的文化智商，包含個人海外旅遊、求學和工作經驗，以及跨文化團隊工作經驗，特別是長時間的「高強度」國際經驗，例如一個 3 年的長期外派任務，且任務內容需要密切和外派地同仁、其他國籍同仁，以及其他外部利害關係人互動，這種方式提升文化智商的影響效果，會勝過於一個短期外派任務且不需過

多和外派地同仁互動，或是身為一個虛擬國際團隊成員等較
「低強度」的國際經驗。

2. 國際經驗的重要性

　　台積電創辦人張忠謀，在退休後一次專訪中，被問到為
何可以成功管理公司，他提到因為他是一個跨文化
（biculture）的人，在美國、台灣與中國的工作、求學和生活
經驗，讓他知道建立任何一個管理模式前，首先要清楚知道
是在哪個國家、文化環境裡。

　　確實，學術研究也發現國際經驗和管理績效兩者間的關
係。就個人管理技能的提升而言，在一項大規模且設計嚴謹
的研究中，學者發現高階管理者所獲得的外派任務，以及跨
文化工作環境與團隊合作的國際經驗，與個人在第三方執行
的評鑑中心（assessment center），測得的財務敏感度、創新思
維和分析判斷等決策能力有顯著的正向關係[2]。

　　就組織營運提升而言，幾個國內外的研究也證實了領導
者國際經驗的重要性，例如，針對美國財星五百大企業的研
究發現[3]，擁有外派經驗執行長和高階管理階層的企業，資產
收益率和股票市場總收益較高，特別是對於高國際化程度的
企業，例如高海外營收占比、海外子公司數量。

　　針對全世界 270 個高端時尚品牌的十年期研究發現，創
意總監擁有海外工作經驗的品牌，能有比較高的第三方創新
產品評價[4]；國內學者也發現，擁有外派任務與海外求學經驗
執行長的台灣中小企業主，企業國際化程度和資產收益率也

比較高[5]。

　　有趣的是，許多研究發現雖然國際經驗對於個人管理技能和組織營運提升有正向關係，但是當國際經驗來自於高度文化距離的環境，兩者的關係更正向顯著。

　　簡言之，同樣都是國際經驗，影響的效果卻不一樣，在文化環境明顯不同於母國的經驗中，例如，從高權力距離和集體主義的越南，到低權力距離和個人主義的美國工作或求學，心理上受到的文化衝擊，會比去其他類似高權力距離和集體主義國家，如墨西哥，來得更強烈與持久。

　　在進行跨文化交流過程中，愈強烈的文化衝擊，會激盪出更高的跨文化認知、融合能力以及文化智商，最終更可有效提高個人的管理技能和組織營運。然而，前提是員工需要成功完成海外任務，不可半途而廢，這需要組織妥善的人力資源管理協助，特別是一個完善的國際人才管理制度。

三、國際人才管理思維

　　人才本是企業最重要的競爭優勢，因此企業需要致力吸引、篩選、發展並且留任可以協助組織達成策略目標的關鍵人才，而在高度變化與競爭的全球化環境中，這些關鍵人才散布於世界各地。對於一家國際企業而言，國際人才管理不應該僅限在母公司工作，且為當地國民的「母國員工」，還必須包括遍布世界各地的海外分公司員工，這一部分又可分為海外分公司工作且為當地國民的「地主國員工」，以及在

海外分公司工作，但既不是地主國國民，也不是母公司國民的「第三國員工」。

例如，對於總部在美國的福特公司，母國員工為在美國福特工作的美國籍員工，地主國員工為在台灣福特六和工作的台灣籍員工，第三國員工為從澳洲福特外派到台灣福特六和工作的澳洲籍員工。

此外，愈來愈多企業開始使用內派（inpatriate），將遍布世界各地分公司的關鍵人才，派任至總公司任職，萊雅就靠著一個多元文化人才培育計畫，每年向海外分公司徵才，徵選至少 5 年銷售和行銷經驗的優秀經理人，到總部全球產品發展部服務 2、3 年，組成不同文化背景的團隊，期滿後再返回國，或是到他國分公司，讓公司達到高度全球化，但又不失濃厚的法式風格。

由此可見，隨著台灣企業的國際布局愈來愈廣且在地化，關鍵人才的來源會更加多元，而加速企業全球影響力的關鍵因素，就是如何有效運用、組織這些遍布世界各地的關鍵國際人才。

從原本僅限於單一地區和單一國籍的人才管理制度，要轉變為一個完善且成功的國際人才管理制度，以下幾個思維需要調整。

1. 將國際化設為企業目標

將全球化經營的方向設定為企業策略目標，並明確讓員工理解國際化的重要性與必要性，例如國際化是達成公司成

功與永續經營的唯一途徑。

2. 降低母國中心主義色彩

　　避免高階管理階層都是母國籍員工的現象，人才的發展不應受限於國籍，培養各國在地化國際領導人才，參與全球營運工作，達到國際人才在地化的同時，也更全球化。

3. 提升國際經驗與知識學習

　　透過人力資源管理制度，如升遷規範或是職涯規劃，讓員工不僅理解國際化對於組織營運的必要性，更知道國際經驗，如外派任務，對於個人中長期職涯發展的重要性，以及公司、主管與同僚高度重視外派經驗價值的程度；認知最佳實務的學習，不該單向來自母公司，而是雙向、多向的來自於世界分公司，這不僅限於管理制度，還有向外部環境學習，如金融創新在新興國家發展比先進國家快。

4. 外派管理、人才發展密切結合

　　外派任務管理不應該被動式的僅重視海外職缺，或能力不足填補、技術轉移等的「一次性使用」，而是需要策略性的建構在「長久性人才發展」的目的上，特別是把在跨文化環境工作、生活的外派任務經驗，視為培養未來關鍵人才國際化能力的必經之路，也是最佳學習之路。參閱本章節後面的「台灣企業外派人員管理實務調查」，參與調查的企業在外派使用原因上，較少與人才發展的因素做連結，如培養國

際管理能力、提供職涯發展。

5. 人才是企業共享資源

　　最後，也是最重要的就是外派任務屬於關鍵人才的輸出，而這些關鍵人才又遍布全世界，包含母國、地主國以及第三國員工，因此所屬部門與主管需要清楚認知人才屬於公司集體的資源，不是自己的，一個成功的國際人才管理制度，有助於組織長遠發展。

　　為了立足國際市場，日本無印良品將外派任務和人才發展做完整結合，每一年挑選 20 位沒有海外經驗的課長級關鍵人才，到海外進修 3 個月，和其他企業制度不同的是，無印良品在外派期間不會找人替代課長在日本的原管理職責，而是考驗課長平時的經驗傳承。

　　此外，外派課長可以自由選擇到任何海外地點，外派過程中也不會提供規畫與協助，例如關於住宿地點，會告知員工自己去找，目的就是希望達成讓員工思考、培養探索未知與解決問題的能力，回國後在人才培育委員會報告時，協助從外部檢視公司盲點，這就是無印良品結合外派任務與人才發展的實現（有興趣的讀者，可閱讀《無印良品培育人才祕笈》一書）。

四、外派人員管理措施總覽

　　依序介紹外派人員管理措施前，有一理論可以作為不同

外派任務情境，需要有不同管理方式與投入資源的依據，那就是加拿大華裔學者 Rosalie Tung 提出國際人力資源管理的「權變理論」，強調外派任務的複雜性，外派管理措施必須依據不同任務屬性調整，才是最有效的方式。

這些任務屬性包含不同任務性質需要的不同關鍵能力、任務長短、外派當地國員工互動的強度、母國與外派國間的文化距離、員工自我外派意願。換言之，沒有最佳的外派管理措施準則，最佳管理措施取決於篩選與訓練最關鍵的能力，對於任務較長、互動需求較高、文化距離較大的外派任務，要投入較多規畫與協助。

此外，和上述談到的人才發展做呼應，組織需確保員工有高度外派意願，因為沒有任何訓練措施能夠改變意願態度，另外，高度意願也會提高自我成長動機，讓員工自主做外派準備。研究發現雖然文化距離會提高外派失敗率，但是當組織對於高文化距離任務投入更多資源在外派人員篩選與績效管理措施時，外派失敗率會大幅降低[6]。

在外派任務上，為了提高外派任務的成功率，組織往往投入相當大的成本，以及一系列人力資源管理的資源。然而，何謂「成功的外派」呢？就人才發展而言，成功的外派任務包含任期結束前不提早回國（特殊家庭與突發事件因素除外）、適應當地文化、與當地員工和各方利害關係人建立良好關係、達成設定的目標任務，最重要的是，不在回任後 2 年內離職，特別是成功完成前 4 項條件的人員。

以下各項外派管理措施，終極目標就是提高外派任務的

成功率：

1. 外派人員篩選

外派人員篩選最常見的迷思為：一位在母國績效表現好的同仁，到了海外也一定會表現良好，所以過往績效考核成為唯一篩選依據，雖然績效考核確實重要，卻不應該是最重要的依據，而是必須搭配其他篩選條件，包含外派意願、語言能力、適應與溝通能力，以及家庭支持，以下就人員篩選的研究發現和權變理論意涵，做進一步介紹：

（一）國際經驗

相較於曾經有海外工作與求學等國際經驗的外派人員，沒有外派地工作經驗的人員，需要多花 9 個月時間，才可以達到相同的海外適應程度[7]。

（二）人格特質

五大人格特質對於成功外派都相當重要，但分析發現又以外向性和情緒控制力最為重要[8]。因為國情與文化不同，不同外派地仰賴不同的人格特質，例如在日本外派的人員需要文化同理心，但在巴西則不重要，而是需要主動社交性[9]。

外派人員篩選也可以是雙向過程，透過與人才發展結合，企業主動公布外派任務需求與內容，提供外派任務的真實工作預覽，如海外短期出差、回任人員的經驗分享，開放員工自我篩選（是否具備所需的個人特質、是否符合個人職

涯規畫、家庭條件等）、自我推薦的機制，將有效提供組織一個完善的外派人才庫。

為了更加提高外派意願，企業也可以針對不同性格的員工，強調不同外派任務特色，如 IBM 以 MBTI 測驗結果，針對 IF 內向情感、ES 外向實感的員工，推銷有發展舞台、能開發自我潛能，針對 ET 外向思考、IN 內向直覺的員工，強調能得到更多薪水及專業。

2. 外派人員適應與訓練

研究顯示海外適應力是外派人員能否有高的工作績效、滿意度，以及降低提早回任的關鍵，因此外派人員的訓練措施，需要以提升人員海外適應為重點。學者強調外派人員的海外適應包含以下 3 個面向，且缺一不可。

- 文化適應：指對外派地生活環境、飲食、交通及醫療的適應。
- 互動適應：指對外派地工作中、生活中，和當地國民互動的適應。
- 工作適應：指對外派工作任務內容的適應。

如何使外派訓練有效提升適應力？根據上述權變理論，外派訓練的方式、時間和強度，要依照任務性質、外派任期、文化距離、與當地人互動程度做調整。舉例來講，鴻海併購夏普前，需要派遣大量台籍外派人員前往日本進行實地查核，此任務較單純，且和當地人密切互動的機會較少，適合短期、較低強度的訓練，給予文化和地區簡報、影片與書

籍，以及基礎語言訓練。

併購夏普後，鴻海派駐 50 位主管至日本，進行任務交接和降低營運成本，任務較複雜，且需要與當地員工、相關利害關係人密切互動，必須提供長期、高強度的訓練，包含角色扮演、個案討論、文化敏感度訓練、預先實地訪查，以及密集語言訓練，目的不僅在提高文化的理解與敏感度，更要從當地人的觀點去思考事情。

除了公司外部的訓練課程，也可妥善運用企業內寶貴資源，請先前成功回任的員工擔任訓練員，或是一對一導師，依據特定文化與地區，進行經驗分享和個案討論，如越南的勞資關係，就符合當地文化和實務狀況的行為與態度做練習，並得到反饋，甚至成為內部的知識管理教材，如中租自辦外派訓練制度。

總的來說，外派訓練應該愈早開始愈好，且訓練期間不限於外派前，也含括派任後。

3. 外派人員薪資福利

和本國的薪資管理一樣，外派人員的薪資福利也需要「制度化」，首先需要符合成本效益，也就是任務對於企業的貢獻，需高於外派人員的薪資福利；接下來，符合當地市場的薪資水準、勞動供給狀況、生活成本與環境條件。

最後，也是最重要的是從人才發展角度規劃外派任務，安排妥善職涯規畫與回任制度，因為研究發現當外派人員認知外派任務有助於組織內職涯發展時，對外派薪資福利也更

滿意[10]。常見的外派薪資管理制度包含：

- 國內職位的本薪。
- 外派津貼：增加外派意願，以及補償任何因為外派產生的阻力（如生活成本），給付依照國內本薪的定額或比例，且按職級與外派地點而異，如副理級主管以上外派至上海，一個月津貼是 3 萬 5,000 元，外派至廈門則是 3 萬元。
- 艱困加給：補償某些生活艱困、不便或危險的外派地，所給予的額外加給，許多外商企業也會提供額外的假期，讓員工到第三國休假。
- 外派福利：補償因為外派對生活與家庭產生的影響，包含醫療保險、伴房津貼、返鄉機票、眷屬和子女教育補助、稅賦與匯率補償，如友達提供國際醫療 SOS 服務，降低員工對海外醫療的顧慮。

外派薪資福利的問題常是缺乏制度化，導致員工產生不公平感，或是對外派地資訊掌握不夠，造成津貼過於優渥或不足，更增加回任意願和外派意願降低（有興趣的讀者，可參考美國國務院對於外派人員的薪資福利制度，Office of Allowances, U.S. Department of State）。

根據上述權變理論，薪資福利也需要和組織政策契合，如果主要外派人員為年輕員工，則可以著重在績效獎金。然而，除了上述屬於外在激勵因子的薪資福利，企業還需要跳脫傳統上以薪資福利作為唯一外派誘因的想像邊框，透過人才發展制度，讓組織內的職涯藍圖、自我潛能發展，以及國

際競爭力的養成,轉化為吸引人才更重要的內在激勵因子。

4. 外派人員家庭管理

　　家庭支持常是員工考慮接受外派任務與否,以及後續任務成功與否的關鍵。根據溢出理論,研究顯示外派人員、配偶和家人彼此間的外派適應會互相影響,也就是配偶愈適應海外生活,外派人員的適應度也會愈高,反之則否;因此國際企業不僅需要完善,更需要「主動」進行外派人員的家庭管理。

　　無論家人是否陪同至海外,在篩選時除了考量家庭因素與支持,也可邀請家人一起參加面談,在訓練時,也開放家人參與相關課程,例如外派地簡報、跨文化和語言訓練,如此一來,除了可以確保正確與雙向的訊息傳達,以及提升海外適應力外,對於沒有同行的家人而言,也可以透過對於外派地環境與工作任務的認知,增加家人間的溝通順暢與支持。企業除了提供眷屬和子女教育補助給同行的家人,對無法同行的家人,也應該主動給予關懷,像是三節禮金與問候、聚餐聯誼。

　　此外,也可以善加利用外派地重要節慶與活動期間,安排在台家人探訪渡假,增加家人對於外派地的認同感。台灣有較高的集體主義與家庭觀念,研究發現企業可以透過和家人傳達海外經驗對於個人職涯發展的重要性,提升家人對外派任務的支持;企業也可以透過妥善安排子女在海外或留台的教育規畫,提升員工外派意願和家庭支持。

5. 外派人員績效與回任管理

　　不管是採用母國、外派地或是整合的績效系統，外派績效管理旨在獎勵與發展人才，如同一般績效管理，需要明確的目標設定、定期工作報告，以及最重要的即時回饋。績效指標主要分為兩大類：（1）硬性指標，指可量化的指標，如產量、區域市占率、不良率等；（2）軟性指標，指質化的軟技能，如適應力、跨文化領導能力、利害關係人協調力等。

　　因為外派任務的複雜性，企業除了需要確保評核者，曾擁有外派經驗或清楚了解外派環境，以求更能感同身受做評核，例如一個不熟悉當地環境的評核者，無法完全理解在東南亞成功化解一場罷工的困難度；此外，企業需依照組織不同的階段性目標，例如，短期業績優先還是拓展新業務至上？透過外派人員的績效管理，賦予海外分公司較高自主權，或是將部分決策權收回母國。

　　回任管理是許多企業忽略的關鍵過程，企業需要認知，研究發現回任的困難度不小於外派期間，許多成功外派者之所以離職，就是因為對於回任後工作與生活的不適應。因此，除了提供所需的回任訓練外，完善的回任管理還需要包含以下 3 個方針：

（一）盡早開始回任作業

　　明確的溝通（如確認回任意願）與回任政策，並提供正式或非正式的職涯支持機制，如職涯導師、回任員工同學會等，或者建立責任制，設定期限讓所屬主管協助成功回任。

（二）利於長期人才發展

與外派績效管理結合，能否回原單位不應是唯一要件，而是回任的工作或專案安排，以不低於外派前職等為原則，並強調與外派期間所學的關聯性。

（三）吸引海外人才利器

將外派經驗成為重要內部升遷指標，且確實執行，透過擁有多位回任的高階經理人為學習典範，提高員工外派意願與動機，讓回任管理成為吸引未來海外人才庫的最佳利器。

6. 外派地主國員工的重要性

為了提升外派任務的成功率，長期以來學者與實務者習慣從外派人員的角度，探討外派人員適應與績效提升，忽略了從熟悉當地環境且與外派人員密切共事的地主國員工觀點。

這相當可惜，因為後設研究發現來自地主國員工的協助，對於提升外派人員適應的關係強度，是其他外派員工協助的 2 倍[11]，由此可知地主國員工的重要性。隨著地主國員工學經歷愈來愈不亞於外派人員，且可能成為未來派駐他國的關鍵國際人才，企業需要更清楚認知地主國員工的重要性：

- 讓地主國員工擔任外派人員在外派地的職務導師，將地主國員工的觀點融入行前外派篩選與訓練設計。
- 除了提供語言訓練，如英文、中文，也應比照外派人員訓練的概念，提供地主國員工關於外派人員文化背景的簡報與訓練。

- 在整體企業或海外子公司內建立強烈的認同和歸屬感，避免「他們」與「我們」的心態產生。
- 增加地主國員工與外派人員在工作上與工作外的互動機會，例如專案合作、社團活動等，降低跨文化溝通的焦慮，增加彼此的認識、同理心。
- 依照年紀、興趣、婚姻或家庭狀況，挑選地主國員工擔任外派人員在文化適應和休閒活動上的伙伴。
- 維持外派人員回任後與地主國員工，以及外派地各方利害關係人的友好關係和資訊分享，作為地主國員工未來內派或是派駐他國的準備。

不管是初期打天下，還是爾後治天下，國際人才管理思維都會是企業成功，且永續拓展國際業務的重要成功方程式。如果員工發現企業內有愈來愈多不同國籍、多元文化同仁進入管理階層，員工將有更高的外派意願，而且最看重的不再是薪資福利，而是國際經驗，這就代表國際人才管理策略是成功的。

五、台灣企業外派人員管理實務

以下為筆者就台灣上市上櫃企業的外派人員管理措施，在 2016 年（126 間）和 2018 年（94 間：回任管理）所進行的調查，供讀者參考與比較。

1.使用外派人員的原因：

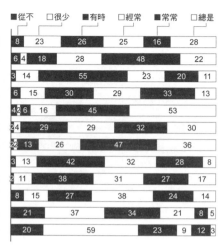

2. 外派人員篩選的依據：

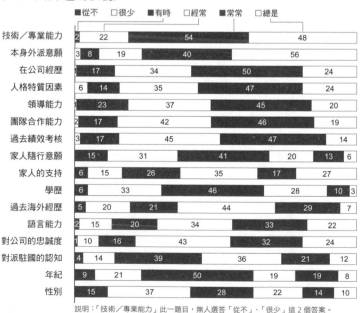

說明：「技術／專業能力」此一題目，無人選答「從不」、「很少」這 2 個答案。

3. 外派人員篩選的工具：

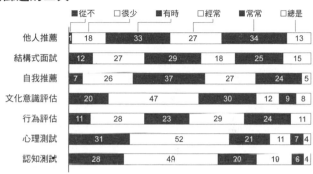

	■從不	□很少	■有時	□經常	■常常	□總是
他人推薦	1	18	33	27	34	13
結構式面試	12	27	29	18	25	15
自我推薦	7	26	37	27	24	5
文化意識評估	20	47	30	12	9	8
行為評估	11	28	23	29	24	11
心理測試	31	52	21	11	7	4
認知測試	28	49	20	10	6	4

4. 外派人員的訓練方式：

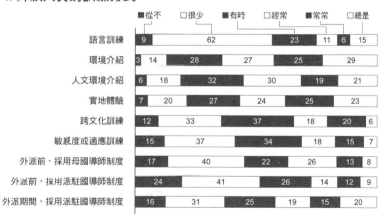

	■從不	□很少	■有時	□經常	■常常	□總是
語言訓練	9	62	23	11	6	15
環境介紹	3	14	28	27	25	29
人文環境介紹	6	18	32	30	19	21
實地體驗	7	20	27	24	25	23
跨文化訓練	12	33	37	18	20	6
敏感度或適應訓練	15	37	34	18	15	7
外派前，採用母國導師制度	17	40	22	26	13	8
外派前，採用派駐國導師制度	24	41	26	14	12	9
外派期間，採用派駐國導師制度	16	31	25	19	15	20

5. 外派人員的績效評核方式：

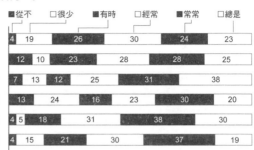

	從不	很少	有時	經常	常常	總是
在任務前已建立績效目標	4	19	26	30	24	23
母國的績效評核	12	10	23	28	28	25
派駐國的績效評核	7	13	12	25	31	38
同時使用母國和派駐國兩地的績效評核	13	24	16	23	30	20
對於不同任務類型有不同績效目標	4	5	18	31	38	30
依照任務目標所建立的獎勵措施	4	15	21	30	37	19

6. 外派人員的家庭管理：

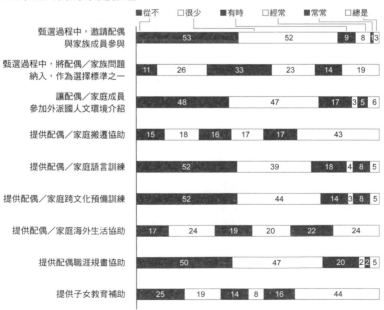

	從不	很少	有時	經常	常常	總是
甄選過程中，邀請配偶與家族成員參與	53	52	9	8	1	3
甄選過程中，將配偶／家族問題納入，作為選擇標準之一	11	26	33	23	14	19
讓配偶／家庭成員參加外派國人文環境介紹	48	47	17	3	5	6
提供配偶／家庭搬遷協助	15	18	16	17	17	43
提供配偶／家庭語言訓練	52	39	18	4	8	5
提供配偶／家庭跨文化預備訓練	52	44	14	3	8	5
提供配偶／家庭海外生活協助	17	24	19	20	22	24
提供配偶職涯規畫協助	50	47	20	2	2	5
提供子女教育補助	25	19	14	8	16	44

7.外派人員失敗原因：

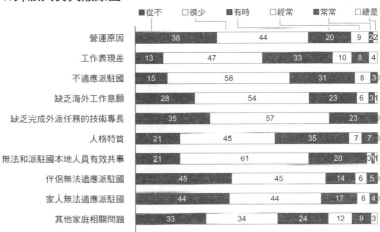

圖例：■從不　□很少　■有時　□經常　■常常　□總是

項目	從不	很少	有時	經常	常常	總是
營運原因	38	44	20	9	2	2
工作表現差	13	47	33	10	8	4
不適應派駐國	15	58	31	8	3	0
缺乏海外工作意願	28	54	23	6	3	1
缺乏完成外派任務的技術專長	35	57	23			0
人格特質	21	45	35	7	7	0
無法和派駐國本地人員有效共事	21	61	20	3	1	1
伴侶無法適應派駐國	45	45	14	6	5	
家人無法適應派駐國	44	44	17	6	4	0
其他家庭相關問題	33	34	24	12	9	3

8. 外派人員回任管理：

圖例：■從不　□很少　■有時　□經常　■常常　□總是

項目	從不	很少	有時	經常	常常	總是
外派期間，保持外派人員與總公司的溝通協調	6	8	3	22	16	39
外派期間，與總公司溝通並協調有關回任的細節	4	20	15	16	16	23
提供外派人員職涯規畫課程	17	34	12	12	10	9
就外派人員返國後可能被分派進行的職務種類，提出保證或協議	12	22	22	17	13	8
就外派人員於返國後生活型態可能發生的變化，提供生活型態輔助及輔導	23	29	17	10	8	7
針對回任過程，進行行前說明	15	23	18	14	11	13
公司中，有重視國際經歷的明顯跡象	12	22	11	24	12	13
提供財務輔導及財務 / 稅務輔助	11	24	19	14	13	13
外派期間，提供外派人員關於回任相關的 Mentoring 計畫	20	28	22	9	10	5
回任前，告知外派人員總公司所發生的改變	13	24	18	15	11	13
回任後，提供人員返國後面對有關情緒反應的訓練課程	29	34	13	6	8	4

參考文獻

1. Ott, D. L., & Michailova, S. (2018). Cultural intelligence: A review and new research avenues. *International Journal of Management Reviews, 20*(1), 99-119.

2. Dragoni, L., Oh, I. S., Tesluk, P. E., Moore, O. A., VanKatwyk, P., & Hazucha, J. (2014). Developing leaders' strategic thinking through global work experience: The moderating role of cultural distance. *Journal of Applied Psychology*, 99(5), 867-882.

3. Carpenter, M. A., Sanders, W. G., & Gregersen, H. B. (2001). Bundling human capital with organizational context: The impact of international assignment experience on multinational firm performance and CEO pay. *Academy of Management Journal*, 44(3), 493-511.

4. Godart, F. C., Maddux, W. W., Shipilov, A. V., & Galinsky, A. D. (2015). Fashion with a foreign flair: Professional experiences abroad facilitate the creative innovations of organizations. *Academy of Management Journal, 58*(1), 195-220.

5. Hsu, W. -T., Chen, H. -L., & Cheng, C. -Y. (2013). Internationalization and firm performance of SMEs: The moderating effects of CEO attributes. *Journal of World Business, 48*(1), 1-12.

6. Wang, C. -H., & Varma, A. (2019). Cultural distance and expatriate failure rates: The moderating role of expatriate management practices. *The International Journal of Human Resource Management, 30*(15), 2211-2230.

7. Zhu, J., Wanberg, C. R., Harrison, D. A., & Diehn, E. W. (2016). Ups and downs of the expatriate experience? Understanding work adjustment trajectories and career outcomes. *Journal of Applied Psychology, 101*(4), 549-568.

8. Harari, M. B., Reaves, A. C., Beane, D. A., Laginess, A. J., & Viswesvaran, C. (2018). Personality and expatriate adjustment: A meta analysis. *Journal of Occupational and Organizational Psychology*, 91(3), 486-517.

9. Peltokorpi, V., & Froese, F. (2014). Expatriate personality and cultural fit: The moderating role of host country context on job satisfaction. *International Business Review, 23*(1), 293-302.

10. Shaffer, M., Singh, B., & Chen, Y. P. (2013). Expatriate pay satisfaction: The role of organizational inequities, assignment stressors and perceived assignment value. *The International Journal of Human Resource Management, 24*(15), 2968-2984.

11. van der Laken, P. A., van Engen, M. L., van Veldhoven, M. J. P. M., & Paauwe, J. (2019). Fostering expatriate success: A meta-analysis of the differential benefits of social support. *Human Resource Management Review, 29*(4), 100679.

第 **8** 課

工作生活平衡與家庭友善政策

隨著職場性別平權意識提升、多元價值觀、家庭組成改變、不婚或不生的生活型態，進入職場的工作者不論性別，都必須扮演多重角色，企業界在攬才、留才的思維下，逐漸將友善職場的概念從公司福利角度，延伸成為企業形象甚或是企業社會責任的一部分。

- 工作生活平衡的定義
- 工作生活平衡措施
- 勞動部政策推動的角色
- 推動「工作與生活平衡」的步驟
- 友善家庭文化的建立

▼

葉穎蓉

　　美國威斯康辛州立大學麥迪遜校區工業工程博士，現任國立台灣科技大學管理學院副院長兼管理研究所所長、企管系專任教授、台灣組織與管理學會副祕書長。

　　曾任國立台灣科技大學管理學院 iMBA 執行長、企管系副教授、國立中央大學企業管理學系助理教授、美國加州大學柏克萊分校訪問學者，曾獲國立台灣科技大學「教學傑出獎」。研究與教學專長為工作生活平衡、員工工作生活品質與企業社會責任等。

工作與家庭是現代人很重要的兩個角色場域，在上一個世紀，由於社會結構的改變，女性勞動參與率提升，卻因為「男主外、女主內」的傳統價值觀普遍存在社會的思維中，雙薪家庭中的女性，常常被賦予更多家庭照顧的期待，以致於犧牲工作，例如請假、離職，或是放棄額外的工作任務、出差等有利在職場晉升的機會。

　　女性的工作家庭衝突以及其帶來身心、就業不平等的負面影響，一直是勞動專家們關注的焦點。然而隨著職場性別平權意識提升、多元價值觀（例如「新好男人」等用來讚許男性工作者，分擔照顧小孩以及父母的責任等）、家庭組成改變（例如核心家庭取代三代同堂的折衷家庭，以致於缺少祖父母提供幼兒照護的協助），以及不婚或不生的生活型態等，工作家庭衝突已經不只是女性工作者的困境。

　　進入職場的工作者在時間與精力有限的情況下，都必須扮演多重角色，在工作與非工作角色中取得平衡。在以工業先進國家為主的經濟合作發展組織（Organization for Economic Co-operation and Development，OECD）倡導下，各國透過立法，鼓勵企業推動家庭友善政策（family-friendly policies），建立工作家庭平衡的職場環境。

　　在傳統人力資源管理的教科書中，「家庭友善政策」一直不被列為一個專章。然而，近 20 年來，國內外人力資源管理學者們在這個議題上，已經累積不少研究。

　　在實務上，政府透過法規制定，提倡職場的家庭友善工作環境，而企業界在攬才、留才的思維下，也逐漸將友善職

場的概念從公司福利的角度，延伸成為企業形象甚或是企業社會責任的一部分。期盼透過本章節的介紹，能讓企業系統性、全面性的規劃工作生活平衡措施，提升職場友善家庭的文化。

一、工作生活平衡的定義

1. 工作家庭衝突

早期學術界探討工作、家庭間的關係時，大多站在耗竭理論（scarcity theory）的觀點，認為工作與家庭兩個角色間彼此競爭個體的資源。在體力和時間有限的情況下，沒有辦法滿足所有角色的要求，因而來自角色的壓力隨即產生。一個人從事的角色愈多，愈容易有超過負擔的角色要求，也易形成不同角色任務間的衝突，造成個人心理及生理上更大的壓力。例如，一個在工作之餘進修 EMBA 的學生，可能同時扮演著為人夫、為人子、為人父、是主管、也是學生等多重角色。

為了滿足其中一個角色的需求，會使花在另一個角色的時間和精力受限，在多重角色的需求不能被滿足下，則會造成角色間的衝突。學者將工作與家庭衝突分成 3 類：時間衝突、壓力衝突、行為衝突。

（一）時間衝突

因為時間的拉扯，而造成的角色衝突。現代職場人都不

免經歷因為工作量過多，必須加班完成任務，卻可能面臨來不及接送小孩、無法陪伴他們參加重要的表演，或是因公出差，而錯過了婆婆的生日、媽媽的醫院門診。

（二）壓力衝突

因為各個角色所承受的壓力，而影響到其他角色的表現，則為壓力衝突。例如，在職場上面對業績壓力、遇到奧客帶來的情緒低落，這種負面情緒，無法在回到家中後瞬間消失，造成處理家事、面對家人時，無法全心投入，傷害了家庭生活的品質。

（三）行為衝突

在某個角色中被視為很恰當的行為，施展在另一個角色中時，可能帶來反效果，這就是行為衝突。不少職業婦女可能都面臨「變臉」的經驗，在上一秒中對著青春期的孩子吼叫，下一秒接起電話，卻得輕聲細語的回應客戶提問。抑或是在職場果斷、直接、有效率的行為，被視為有效的領導風格，然而在家中，面對老邁的父母，卻需多一些聆聽、關懷與等待。

這些衝突，都是雙向性的，不但工作的角色會影響到家庭角色，在滿足家庭角色的要求時，也會影響到對於工作角色的投入，統稱工作家庭衝突（work and family conflict，又稱職家衝突）。更有甚者，現代人還面臨科技便利所帶來的工作家庭界線模糊，例如，回到家中，還接收到跟工作相關的

訊息，一邊處理家務，還掛心著工作進度。工作家庭衝突所帶來的後果，常見的有：威脅到個人身體健康、情緒低落，進而造成家庭、婚姻及生活滿意度下降；在工作上則會造成生產力下降、遲到、缺席、離職、士氣低落、工作滿意度降低等。

2. 工作家庭增益

工作與家庭角色間雖然彼此競爭資源，然而，從角色場域中獲取的資源，其實也能挹注到其他角色。Greenhaus and Powell（2006） 提 出 工 作 家 庭 增 益（work and family enrichment，又稱職家增益）的概念，他們認為個人在特定角色中所獲的經驗與感受，可以提高另一個角色中的生活品質。工作對家庭的增益，在於投入工作所獲得的經驗、技能與機會等資源，有助於個人對家庭的參與，並且更容易滿足家庭角色的需求。反之亦然，也就是說，這樣的增益效果也具有雙向性。

Greenhaus and Powell 認為能帶來工作家庭增益的資源可以分成以下 5 類：

（一）技能與觀點

技能是指任務相關的知識、人際技能、應變能力、多工能力、角色中所累積的經驗、解決問題的能力等；觀點指的是面對問題和解決問題時，個人所展現出來的不同觀點或看法，而在不同的角色中，可能累積的觀點也會不同，例如，

在工作中能嫻熟處理財務的能力，或是對於產業知識的了解，都能協助家庭的理財；在職場中培養的解決問題能力，能扮演好小孩社團志工媽媽的角色。從小孩同儕相關的資訊，也可能對於新興世代的員工多一些同理心與話題，照護父母的經驗，也可能對於熟齡市場多了一些敏銳度。

（二）心理與生理上的資源

心理上的資源包括了一些正向的自我評價，例如自我效能、自尊，還包括了一些對於未來的正面情緒，例如樂觀、充滿希望。從工作中得到的成就感與自我肯定，能讓個體產生正向情緒，轉換到家庭角色中，更有心理的能量協助家人解決問題。在家庭生活的休養生息，讓身體活力再現，可以提高生產力，也是跨域資源助益的例子。

（三）社會資本的資源

指人與人之間的關係，在工作上或是透過家庭參與建立起來的人際關係，而這個人際關係本身，以及所帶來的知識、資訊與影響力，可以提升另一個角色的績效。例如，因為公司同事的人脈，幫女兒找到入學資訊、父母就醫管道等，而家人綿密的社會網絡，也可能為工作帶來幫助。

（四）彈性

彈性指的是能決定各角色任務執行的時間、速度與地點的能力。假若工作的角色擁有較多彈性，就比較有能力將時

間放到家庭責任上，提升家庭角色的績效；相對的，如果個人能在家庭角色中有比較多的彈性，例如有長輩幫忙照顧小孩、配偶幫忙家務等，則比較能全力放在工作上，使工作效率提升。

（五）物質的資源

包括金錢、禮物等從工作或是家庭角色中獲得的有形資源，工作收入可以改善家庭生活品質、提供更好的小孩教養環境、聘雇傭人處理家務等，而從父母、婚姻中得到的金錢資源，可以當作創業基金或是進修的資助。

圖表 8-1　職家衝突 vs. 職家增益

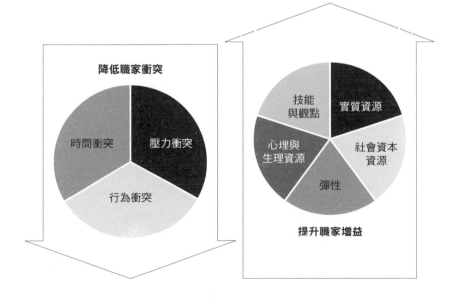

3. 工作生活平衡

透過以上的探討可以知道，工作與家庭角色之間，不全然是牴觸的，兩者也可以相得益彰。在勞動人口因為生育率而產生危機時，除了鼓勵女性的勞動參與，也應該要改善職場的氛圍、提倡性別平等，讓兩性在工作忙碌之餘，不需要犧牲家庭或是自身的生活。甚至，不少人將台灣的低生育率，歸咎於職場壓力，因為工作壓力、育兒負擔，降低生育意願。

工作家庭平衡（work-family balance）的概念，就是希望兩個角色間的衝突能獲得調和，降低工作中的壓力帶回家庭生活，或是生活中的困擾、需求影響工作表現，抑或是積極的將工作資源帶回家裡，提升家庭角色的效能。

同時，隨著大環境的改變，對於工作家庭措施的實施範圍，也從家庭逐漸擴展至社會或社區，個人除了要同時兼顧工作與家庭照護上的責任之外，還有平衡生活上其他多元角色，如社會角色，以及其他個人生活上的需要，如個人休閒、進修或社會參與等。使得「工作生活平衡」（work-life balance）漸漸取代過去的「工作家庭平衡」，強調工作角色與非工作角色的平衡。工業先進國家已推行促進工作與生活平衡政策，鼓勵企業透過工作安排、彈性工時、幼兒照顧、醫療照顧等設計，提升職場的友善環境。

台灣主責勞動市場與政策制定的政府機關為勞動部。勞動部透過法令的制定與政策的推動，將工作生活平衡措施分成 3 個面向，分別為「工作」、「生活」及「健康」，一方面

響應國際勞動組織的主流價值，二方面培育強健、高素質的勞動力。最後希望提升勞動參與力的同時，也能提高生育子女的意願，培育下一代勞動力。

二、工作生活平衡措施

1. 工作家庭平衡措施

企業所提供的工作家庭平衡措施（work-family balance policies），或稱友善家庭措施（family-friendly policies）可以視為一種人力資源的政策與措施，如休假、彈性工作時間、托育及照顧服務，或其他相關輔助設施及方案等，目的在協助員工滿足家庭責任的要求下，也能滿足雇主對於其工作投入的要求。

除此之外，對於企業而言，工作家庭平衡措施被視為吸引及留住優秀人才的利器、提升公司的社會企業形象、強化企業競爭力。對國家社會而言，能維持國家的生產力與永續競爭力，並提高工作者生育子女的意願，培育下一代勞動力。

更有甚者，學者們指出，工作家庭平衡措施除了歸納在人力資源管理，也屬於企業社會責任的一種（Vuontisjärvi, 2006; Turker, 2009）。近年來行政院勞動部也指出，過去原屬於私領域的「家庭照顧」已成為公共政策議題，與之關聯的不只是人口政策，還包括勞動政策、產業政策及健康政策，是企業永續經營的課題，也是企業社會責任的一環。

過去也有研究顯示，在人力資源與企業社會責任

（corporate social responsibility，CSR）重疊領域逐漸增加的情況下（Gond, Igalens, Swaen, Akremi, 2011），企業將其社會責任結合到人力資源流程中，例如在招募時，員工福利或企業受到員工工會支持等企業社會責任的措施，可以提升雇主的企業形象（Greening & Turban, 2000）。因此，當企業實行相關的工作家庭平衡措施時，可被視為一種履行企業社會責任的行為，也可以為企業帶來良好形象（Peterson, 2004; Turker,2009）。

近年來，先進工業國家組織如經濟合作發展組織（Organization for Economic Co-operation and Development，OECD），將企業友善家庭的方案分為四大項目：

- 基於家庭因素的休假：包括彈性休假、產假或陪產假、照顧生病子女的臨時休假等。
- 基於家庭因素變更的工作安排：如每週彈性工時、工作分享、遠距工作、部分工作時間、自動縮減工時等。
- 兒童與老人照顧的實質協助：包括工作場所附設托兒所、托兒諮詢服務、提供托兒補助、照顧年長親屬的花費補助等。
- 提供相關資訊與訓練：包括福利政策訊息並鼓勵員工使用，或是復工的相關訓練與課程等。

前兩類的友善家庭方案，希望能緩和員工的時間衝突、增加工作的彈性與自主性。後兩類的友善方案，則與提供資源有關，將工作中所獲得的資源，挹注到家人的照護、或自

身能力的提升。

2. 工作生活平衡措施

　　員工的價值觀在改變，工作不再是成就感唯一來源，家庭也不再是「非工作角色」的重心，取而代之的，是對於個人興趣的培養、身心健康的重視。因此，未來不應該只注重友善家庭政策，而應該愈多元化，以工作生活平衡（work-life balance policies）為制定的標準。

　　劉念琪與王志袁（2011）針對台灣實施的工作生活措施情況進行區分，種類除了工作、家庭有關的項目以外，還加上「健康」這個項目，以員工協助方案（employee assistance programs）、以及健康促進措施（health promotion practices）為主，分類如下：

- 工作家庭措施：托兒照顧安排、家庭照顧假、彈性休假、彈性工時、工作分享。
- 員工協助方案：企業提供員工婚姻、家庭、理財、法律、壓力管理、情緒紓發、工作調適等講座、諮詢或諮商服務等員工協助措施。針對特定族群提供專屬關懷方案，如新人工作適應、屆齡退休關懷方案。
- 健康促進措施：設置員工餐廳提供健康、營養的飲食；辦理壓力管理、健康促進的活動，如減重班、體能健身場所或多元社團；提供醫療檢查服務；以優惠價格辦理員工及眷屬的團體保險。

三、勞動部政策推動的角色

1. 透過法令制定

　　國家主管機關勞動部近年來透過立法與鼓勵措施，建立家庭友善職場，其中以《性別工作平等法》最有標竿作用。《性別工作平等法》在 2002 年制定，2008、2011、2013、2014、2016 年修正，內容包含育嬰留職停薪的規定；生理假、產假、產檢假、陪產假、家庭照顧假的規定；工作時間調整（含哺集乳時間）；托兒措施或哺集乳室的設置等。

　　此外，《就業保險法》（2009 年修正）增加育嬰留職停薪津貼；「勞工請假規則」（2010 年修正）增列安胎休養納入病假；《勞工保險條例》（2014 年修正）提高勞保生育給付；《勞動基準法》中的法定工時（2015 修正），由每 2 週不得超過 84 小時，修正為每週不得超過 40 小時。這些勞動法令的制定旨在促進兩性地位平等，保護婦女的勞動條件與經濟權。

2. 鼓勵企業

　　鼓勵企業推動優於法令的友善家庭措施（2007 ～ 2016 年），除了法定的基本措施，政府透過理念宣傳、協助建立機制、表彰優良企業來推廣。

（一）宣導理念與做法

　　透過辦理「工作與生活平衡」研習暨觀摩、編印推動手冊、提供補助或教育訓練課程等，並建置資訊平台網站，如

勞動部的「工作生活平衡網」(wlb.mol.gov.tw)，以持續提供勞工健康新知及服務資訊，豐富各項勞工服務措施。

（二）協助事業單位建立機制

成立「專家入廠輔導小組」，對於有意推動工作與生活平衡、員工協助方案的事業單位，依組織文化與員工需求，給予建置各項制度與措施的評估建議。

（三）選拔表揚最佳範例

透過選拔標竿企業或具有特殊創意的措施，廣徵最佳典範，藉以帶動其他企業效法。勞動部分別在 2014、2016、2018 年舉辦「工作生活平衡獎」選拔，以 2016 年為例，表揚企業強調友善育兒、工作彈性以及員工協助的創意措施。

四、推動「工作與生活平衡」的步驟

行政院勞動部在協助企業推動工作與生活平衡措施中，提出 6 大步驟，包括：需求評估、確定目標、資源盤點、計畫擬定、行銷宣導與成效檢視（詳見圖表 8-2）。

（一）需求評估

需求評估強調的是先從員工特性、組織文化去了解員工可能的需求，以及符合企業形象的措施，此外，了解法令的要求，一方面避免勞資爭議，一方面能給予公司一個參考

點。最後,要能知己知彼,了解同業的福利措施,以利吸引、保留符合公司文化的人才。

（二）確定目標

確定目標需透過公司內部的會議,在眾多需求中,找出可行、有感、符合法令的方案。

（三）盤點資源

了解公司目前現況,以及與理想目標的缺口,檢視內部、外部可用的資源來協助進行,例如盤點目前公司福利措施的配置,是否符合現有員工特性,過去托兒措施,未來是否建立托老中心,或是給予父母照護假,也可以善加利用合作廠商、政府資源。

（四）計畫擬定

員工福利措施也需要有成本的考量,時間、金錢都屬於「計畫擬定」的一部分。分階段實施、強化成本效益,使用頻率、員工接受度等量化指標,可以用來評估友善措施的有效性。

（五）行銷宣傳

行銷宣傳也是推廣很重要的一部分,員工除了要了解公司提供的措施,還要有意願使用、有機會使用,以及敢去使用。直屬主管的支持,也是友善職場的一環。此外,高階主

管的宣示作用，能顯示落實的決心。

（六）成效檢視

　　最後是「成效檢視」，除了使用情況的質化（如主管、員工意見回饋）、量化（如使用率、措施滿意度等）調查，還可以檢視是否達到預設目標，如員工健康指數提升、減重數字、加班時間等，以及落實工作家庭平衡措施以後，是否帶給組織實質效益，如離職率降低、績效產值及創新程度提高、組織氣氛改善等。

　　舉最近獲得工作生活平衡獎的企業為例，了解員工的需求，才能提出適合的措施，一零四資訊科技員工平均年齡為36歲，他們投入上千萬的預算設置「104 希望搖籃托嬰中心」，支持處於婚育年齡、有子女托育需求的員工，建立友善育兒的職場文化。

　　遊戲橘子選擇自設幼兒園——幼橘園，考量其網路產業特性，員工上下班時間較晚，為了讓雙薪家庭的父母，免於接送小孩而奔波、擔心，所設的幼兒園收托幼兒時間，可以配合員工上下班時間，並結合企業文化，創造 love to play 的幼兒學習環境。

　　此外，企業在設計友善措施時，也要考量同業的競爭性，例如台灣電通是廣告服務業，為了打造創意工作團隊，透過人性化管理，採用彈性上下班措施，除了優於法令的工時規定，還提供優化的特別事假、志工公益假等，這在廣告業普遍長工時的工作型態中，更顯得特殊，藉此吸引並留住

具有活力、創意的人才。

　　爭取高層主管及跨部門支持時，除了宣導工作家庭平衡所帶來的好處，同業的標竿學習也是很好的刺激。例如，

圖表8-2　企業執行工作生活平衡措施6步驟（參見勞動部網站）

**步驟 1
需求評估**

1. 員工特性：從工作型態、年齡與家庭背景等基本資料；健檢資料、員工缺勤分析、加班時數分析、離職面談、勞資糾紛或員工投訴分析、緊急突發狀況等，了解員工需求。
2. 組織願景：從創建使命、企業承諾、組織文化塑造組織目標與企業形象。
3. 法令規範：政府現行法規檢視及遵循。
4. 市場競爭：從同業競業措施現況評估發展方案，或爭取政府獎勵，提升延攬人才的競爭力。

**步驟 2
確定目標**

1. 列出優先順序，重要衡量標準包括：
   • 法令要求／產業競爭
   • 組織願景／員工需求
   • 立即可行／馬上有感
   • 主管交辦／有憑有據
2. 說明待解決問題。
3. 擬定關鍵績效指標 KPI。

**步驟 3
盤點資源**

1. 進行目標與現況落差分析：
   目標是什麼→已經做了什麼→還要做什麼→有什麼資源挹注或重要人士可以支持。
2. 檢視資源：
   • 內部資源：企業內相關部門的經費、人力、空間環境、器材設備、專業技術、方案、之前解決相關問題的經驗等。
   • 外部資源：政府資源、民間非營利組織、相關合作廠商資源等。

接下頁

2018 年得獎企業之一的東碩資訊，成立「董事長室幸福小組」，將推動的層級拉高至公司最高層，展現公司推動幸福企業的決心。

步驟 4 計畫擬定	1. 先以零成本項目進行： 　• 就現有硬體、軟體，提出可行的計畫與效益。 　• 效益展現後，為因應後續需求，可再提出第二階段的成本效益分析報告。 2. 強化成本效益及評估指標。 3. 強調目標方案的優勢。 4. 爭取高階主管支持。
步驟 5 行銷宣導	1. 多元管道宣導：於企業內部網站、電子郵件、網際網路（FB、社群、Line 等）及各項平台、管道進行宣傳（張貼布告欄、新人訓練、例會報告、主管會報、製作海報文宣小品等）。 2. 制度面措施：應公告於企業規則、納入員工手冊，使主管和同仁了解相關方案可供使用。 3. 爭取高層主管及跨部門支持：於主管會報上說明，邀請主管帶領同仁參與；安排高階主管擔任代言人。 4. 活動宣導：邀請同仁擔任活動小天使宣傳，參與拍攝影片或宣傳物，提升同仁參與感與宣傳效果。
步驟 6 成效檢視	1. 質量化測量： 　• 量化測量：如參與人數、服務使用率、滿意度、組織氣氛調查。 　• 質化測量：主管 / 員工回饋、感人小故事。 2. 具體問題解決：關鍵指標的達成、問題改善程度。 3. 組織整體成效：如離職率、缺勤率、留任率、請假情形、延長工時情形、健康趨勢、績效產值、創新提案率、組織氣氛改善情形、企業獲獎情形等。

五、友善家庭文化的建立

企業提供工作生活平衡措施，是否就能減少員工的角色衝突？雖然研究發現，企業推動愈多工作生活平衡措施，就會促使員工愈有機會使用措施，進而降低員工的角色衝突，並提高員工知覺到的企業形象，但這兩者間的關聯性，還存在其他影響因素。

首先，公司提供工作生活平衡措施，不代表員工有意識到這些措施，有意識到措施，也不一定會採用，採用了，也不一定會感覺有幫助。

使用這些措施與否，又牽涉到員工是否有需求，以及組織是否有氛圍讓員工願意使用這些措施，也就是說，企業雖然提供福利措施，但在員工的認知上，不盡然能體會到或享受到這個美意。

學者 Thompson Beauvais, and Lyness 提出友善家庭文化的觀點（work-family culture），他們認為企業光提供家庭友善措施是不夠的，還需要有友善家庭的文化，讓員工們放心、安心使用這些措施。

友善家庭文化有 3 個要素：（1）主管體諒與支持、（2）職涯發展不受限、（3）工作時間要合理。友善文化展現在主管能體諒員工有處理家庭事務的需求，並給予心理上的支持，而且在公司中使用家庭友善措施，不會讓員工覺得職涯升遷因此受到影響，或是被另眼相待。最後，這樣的企業，會尊重員工擁有合理的工作時間，不要求員工把工作帶回家

庭裡處理。

　　Thompson 等人（1999）發現，友善家庭文化與員工使用友善家庭措施有正相關，且會提高員工的組織承諾、降低離職意圖，並減少工作家庭衝突。Thompson 等人的研究進一步發現，員工如果知覺到公司主管能體諒他們需要處理家中事物，可以減少其離職意願，而員工若感受到他們使用友善措施不會影響職涯發展，除了減少離職意願，也會減少工作家庭衝突的感受。此外，合理的工作時間、沒有加班文化的企業，會讓員工對組織的情感性承諾增加，也能減少工作家庭衝突的感受。

　　想了解企業是否具有友善的工作家庭文化，可以參考圖表 8-3 的量表。此量表翻譯並編修自 Thompson 等人的研究，共有 3 個構面、20 個題項。此量表可以透過員工的意見調查，反應員工對於公司友善家庭文化的評價，建議也從管理階層蒐集資料，可以進一步分析、比較管理階層與員工之間，是否存在認知落差，提供給政策推動者參考。

　　綜合上述討論，本文將建構工作生活平衡的友善職場的要素，彙整如圖表 8-4。工作生活平衡措施結合了工作家庭措施、員工協助方案、健康促進措施，呈現在圖表 8-4 的上半部，提供給讀者一些措施設計的方向。要有效活化這些措施，有賴企業友善環境的創造支持，實體的環境如辦公室的人性化設計，以及友善家庭的企業文化都不可或缺。

圖表8-3 企業的友善家庭文化量表

（一）主管體諒與支持，共 11 題：

___ 1. 上班時間如果家裡臨時有重要的事情需要處理，公司的主管多會體諒。

___ 2. 公司鼓勵各級主管，除了工作之外，更應該關懷員工家庭生活所遭遇的問題。

___ 3. 公司的主管會體諒員工必須承擔照顧家中幼兒的責任。

___ 4. 如果公事與家庭衝突，公司主管會以適當的方式，支持員工家庭優先的做法。

___ 5. 公司主管會鼓勵員工在工作與家庭間取得平衡。

___ 6. 公司的主管會體諒員工必須承擔照顧家中年老長輩的責任。

___ 7. 公司會支持（核准）員工因為家庭因素而申請的工作調動。

___ 8. 在公司談論家庭生活的瑣事，是被允許的。

___ 9. 在本公司，員工很容易在家庭與工作上取得平衡。

___10. 本公司鼓勵員工在上班工作與下班回家之間，劃出清楚界線。

___11. 在正常的上班時間，員工不容易因為家中有事情而放下手上的工作。（反）

（二）職涯發展，共 5 題：

___12. 在本公司，男性員工必須請假處理家中的事情，會令人討厭。（反）

___13. 在本公司，女性員工必須請假處理家中的事情，會令人討厭。（反）

___14. 經常必須處理家庭事情的員工，會被認為事業心不強。（反）

___15. 如果因為家庭因素而拒絕新職位的派任，將會嚴重影響未來的發展。（反）

___16. 運用彈性上班的員工，在升遷方面會比正常上班時間的員工吃虧。（反）

（三）工作時間要求，共 4 題：

___17. 公司每週工作 50 個小時以上（在公司或家裡），是一件很正常的事情。（反）

___18. 公司的員工經常必須把沒有完成的工作帶回家做。（反）

___19. 公司常期望員工將工作放第一順位。（反）

___20. 公司主管喜歡把工作放在家庭與個人生活前面的員工。（反）

說明：（反）為反向計分，分數愈低，代表企業的友善家庭文化愈好。

圖表8-4　建構工作生活平衡的友善職場

工作家庭措施 （Work-family Practices）	• 基於家庭因素的休假：包括彈性休假、產假／陪產假、因照顧生病子女的臨時休假等。 • 彈性工作安排：如每週彈性工時、工作分享、遠距工作、部分工作時間、自動縮減工時等。 • 兒童與老人照顧及母性保護友善措施：包括工作場所附設托兒所、托兒諮詢服務、提供托兒補助、哺乳室、照顧年長親屬的花費補助、妊娠照顧設施等。 • 提供相關資訊與訓練：包括福利政策訊息、鼓勵員工使用，或是復工的相關訓練與課程等。
員工協助方案 （Employee Assistance Programs）	• 企業提供員工婚姻、家庭、理財、法律、壓力管理、情緒紓發、工作調適等講座、諮詢或諮商服務等員工協助措施。 • 針對特定族群提供專屬關懷方案，如新人工作適應、屆齡退休關懷方案等。
健康促進措施 （Health Promotion Practices）	• 設置員工餐廳，提供健康、營養的飲食。 • 辦理壓力管理、健康促進的活動，如減重班、體能健身場所或多元社團等。 • 提供醫療檢查服務，以優惠價格辦理員工及眷屬的團體保險。

辦公室設計有人性	主管體諒與支持	職涯發展不受限	工作時間要合理

參考文獻

1. Gond, J.P., Igalens, J., Swaen, V. & El-Akremi, A. (2011), The human resources contribution to responsible leadership: An exploration of the CSR-HR interface. *Journal of Business Ethic, 98(1):115-132.*

2. Greenhaus, J.H. and Powell, G.N. (2006) When Work and Family Are Allies: A Theory of Work-Family Enrichment. *Academy of Management Review, 31, 72-92.*

3. Greening, D. W., & Turban, D. B. (2000). Corporate social performance as a competitive advantage in attracting a quality workforce. *Business and Society, 39, 254–280.*

4. Liu, N. & Wang, C. (2011). Searching for a balance work team design, work-family practices, and organizational performance. The International *Journal of Human Resource Management, 22(10), 2071-2085.*

5. Peterson, D. K. (2004). The relationship between perceptions of corporate citizenship and organizational commitment. *Business and Society, 43(3), 269–319.*

6. Thompson, C.A., Beauvais, L.L. & Lyness, K.S. (1999). When work-family benefits are not enough: the influence of work-family culture on benefit utilization, organizationalattachment, and work-family conflict. *Journal of Vocational Behavior, 54, 392-415.*

7. Turker, D. (2009). Measuring corporate social responsibility: A scale development study. *Journal of Business Ethics, 85(4), 411–427.*

8. Vuontisjärvi, T. (2006). Corporate social reporting in the European context and human resource disclosures: An analysis of Finnish companies. *Journal of Business Ethics, 69(4), 331-354.*

9. 勞動部 (2020)，工作生活平衡網：https://wlb.mol.gov.tw。

10. 劉念琪、王志袁 (2011)，工作與生活平衡實務對組織離職率與生產力之影響，人力資源管理學報，第 11 卷第 3 期，75-95 頁。

第 9 課

組織的變革與管理

面對危機和變動漸遽的外部環境,組織必須迅速回應且因勢改變,才能維持自身的永續經營與競爭優勢。組織變革幅度和規模,涵蓋個人或團體層次的改變,組織可依需求與生命週期,採用不同程度與步調來推動變革。

- 員工為何抗拒變革
- 組織變革理論
- 創造鼓勵變革的文化
- 建立學習型組織

陳春希

　　美國南加州大學公共行政博士，國立中央大學企業管理系教授兼系主任。研究專長領域為領導統御、組織行為、人力資源管理與企業倫理等。曾獲國立中央大學「傑出導師獎」、管理學院「教學優良教師獎」，著有《Robbins & Judge 組織行為導讀》一書。

英國生物學家達爾文（Charles Darwin）在《物種起源》（On the Origin of Species）一書中指出：最終能生存下來的物種，不是最強、也不是最聰明的，而是最能適應環境改變的物種。變動已經成為常態，無論在工作、生活、通訊、銷售、交易等面向，人類社會正面臨著前所未見的劇烈變化與衝擊，不改變就無法生存（Change or die!）。

在瞬息萬變的環境中，組織面對著多重因素，驅動組織急切的進行變革，例如勞動力組成的改變，使組織必須建制彈性與一致性兼具的管理政策，以管理多樣性的員工。此外，科技的進步與在組織的應用、全球經濟情勢的連動與衝擊、產業的激烈競爭、日益嚴格的政府管制政策、國際政經局勢的衝突與變動、社會趨勢如種族、性別平權與環保意識高漲、突發重大緊急事件如新冠狀肺炎疫情的全球蔓延等，為組織的運作增添了巨大的挑戰。

面對危機和變動漸遽的外部環境，組織必須迅速回應且因勢改變，以維持自身的永續經營與競爭優勢。變革涉及現狀的改變，有計畫的變革（planned change）是一種精心設計、目標導向的組織活動，組織冀望能藉由規劃良好的活動，改變員工行為，並提升組織適應環境變動的能力。

組織變革幅度和規模涵蓋個人或團體層次的改變，以及組織整體的深層改造，涉及的複雜程度極高，可分為演化型變革（evolutionary change）與革命型變革（revolutionary change）（Miller, 1982），前者又稱為漸進式變革（incremental change），著重於聚焦、緩慢、按部就班的改變；後者又稱為

急遽式變革（radical change），強調一次到位、全面徹底的改變。

　　組織可依需求與生命週期，採用不同程度與步調來推動變革。為求能成功推動變革，組織可任用合適的人選擔任變革推動者（change agent），負責激勵培育成員，以及執行組織的願景。本章將針對員工為何抗拒變革、組織變革理論、創造鼓勵變革的文化、建立學習型組織等議題，依序討論變革管理的概念，與其在組織中的應用。

一、員工為何抗拒變革

　　變革意味著打破現狀，甚至是顛覆現狀，會造成未來的不確定性與成員的焦慮感。由於變革會威脅原有的權力結構，改變組織成員的工作程序與習慣，使個人或組織必須放棄已投入的沉澱成本（sunk cost），因此組織推動變革時，經常伴隨著 3 種類型的抗拒：技術上的抗拒（technical resistance）、政治性的抗拒（political resistance）與文化抗拒（cultural resistance）（Tichy, 1993）。

　　員工面對組織變革時的態度發展歷程、組織要如何化解員工的抗拒及建立政治性支持，都會影響變革推動的成敗，以下將針對上述議題做簡要介紹。

1. 個體回應變革的態度曲線

　　Richard Beckhard 指出一般人並不排斥變革，抗拒的是被

改變。當變革發生時，個體的回應與作為往往取決於其態度，有的選擇聽天由命，有的則選擇積極面對變革，並試圖從中獲益。個體對於變革的回應態度會由當下的滿意狀態，歷經否認（denial）、抗拒（resistance）、態度低谷（attitude trough）、探究（exploration）、責任（responsibility）、承諾（commitment）等 6 個心理歷程。

在否認階段中，個體不願意面對變革帶來的紛擾狀況；抗拒階段的個體感覺備受威脅，有明顯的防衛態度；在態度低谷階段的個體，充滿著負面情緒，如厭惡、憤怒、擔憂；在探究階段中，個體承認變革的必要性；在責任階段中，個體會參與決策及採取行動，以改善組織的狀況；最後在承諾階段，個體會積極投入變革，直到新的改變產生，態度的演進曲線如圖表 9-1 所示。

圖表9-1　變革回應態度曲線

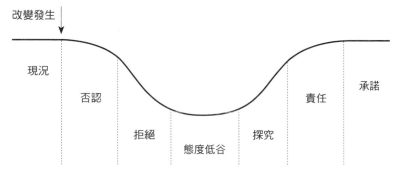

資料來源：Scott, C.D. & Jaffe, D.T. (1998). Managing Organizational Change: A Practical Guide for Managers . Los Altos, CA: Crisp Publications.

圖表9-2　有效的變革回應態度曲線

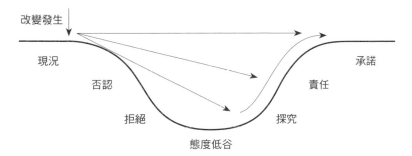

資料來源：Scott, C.D. & Jaffe, D.T. (1998). Managing Organizational Change: A Practical Guide for Managers . Los Altos, CA: Crisp Publications.

　　組織推動變革時，若能避免引起成員的拒絕、抗拒、負面態度，而使其直接進入探究、承擔責任、高度承諾的階段，將可大大縮短變革歷程推進的時間，如圖表9-2所示。

　　為促使員工對變革能有正面回應，de Bonvoisin（2009）建議組織推動變革時可採取以下做法：

- 讓員工相信改變是一件正確的事。
- 讓員工能對變革的內容與過程發揮影響力。
- 讓員工敬重組織裡捍衛及推動變革的人士。
- 讓員工期望變革可以使自己受益。
- 讓員工相信現在就是推動變革的好時機。

2. 化解員工對變革的抗拒

　　組織中對於變革的抗拒，可能來自各階層和不同角落，主要源自於成員個人不想改變習慣、變革威脅安全感及帶來

經濟的不確定性、對未知的恐懼，以及選擇性的處理資訊。
另一方面，組織層次的抗拒來自於結構慣性、小範圍的局部
變革無法產生作用、團體慣性、威脅到專業人士，以及威脅
既有的權力關係等因素。變革帶來高度不確定性，對員工而
言，未知的情境可能伴隨著個人的風險及損失。

變革代表著原有平衡狀態的改變，組織要如何激勵員
工，克服個體和組織的慣性，使之感受到變革的必要性與急
切性，願意全心全意投入變革的行列，是推動變革的第一
步。組織若能透過公開討論或辯論的方式，讓成員表達對於
變革的看法，並且讓變革推動者有機會說明變革的相關事
項，可逐步化解或減少成員的抗拒行為。

為了排除成員對變革的抗拒，學者建議變革推動者可採
取下列幾種做法（Smollan, 2011）：

- 持續溝通：組織可揭露更多資訊，使員工理解推動變
  革的原因與必要性。有效的溝通可以減低成員的焦慮
  感，增加投入變革的承諾感。
- 鼓勵參與：除了費時及團體迷思的隱憂外，員工參與
  可以化解抗拒的阻力，獲得認同與承諾感，以及提升
  決策的品質。
- 建立支援與承諾：組織可以安排諮商、教育訓練等方
  式，協助員工調整心態與做好準備。
- 發展正面關係：組織與員工之間若能建立良好的互
  信，有助於讓員工接受變革的事實，減少抗拒行為。
- 公平進行變革：組織執行變革方案的過程中，應注意

是否有顧及分配公平、程序公平、互動公平等 3 項原則，避免員工認為組織處置不公。

- 操縱與延攬：組織可操縱所掌握的資訊，使變革看起來較具吸引力或降低威脅性；或是延攬主導抗拒的意見領袖，徵詢其意見並尋求支持。然而必須注意的是，一旦被識破，可能會造成反效果而破局。

- 選用接受變革者為員工：性格會影響個體對變革的知覺與適應力，組織可甄選雇用具有謹慎盡責、情緒穩定、開放隨和、內控性格、冒險犯難、變通能力與適應力強等特質的員工，以降低推動變革的難度。

- 高壓強制：組織可利用懲戒或殺雞儆猴的方式強行推動變革，但此舉雖有效，卻也容易引起員工極大的反彈。

3. 建立政治性的支持

組織由結構鬆散的個人與團體所組成，彼此間存有不同的觀點、偏好與利益。變革會改變現有的權力平衡與結構，對當事人造成威脅或傷害，因此組織推動變革方案時，經常會伴隨著政治行為的出現。

推行變革之際，組織可以採用開誠布公的權力策略，使組織的有力人士感知變革的急切性，也使在權力結構外圍的成員，了解自己的利益會受到組織照顧。

基於政治觀點的考量，組織可選擇外界的顧問、新進員工或主要權力結構外圍的管理者，擔任變革推動者，以確保

變革的成功。首先，變革推動者應先評估自身的權力基礎
（power base），動員和爭取最多的成員支持來推動組織變革。
學者葛瑞納與宣恩（Greiner & Schein, 1988）指出，變革推動
者可利用個人具備的專業知識與能力、領導魅力、聲譽、可
信度，以及其他成員提供的資訊與人脈，作為推動變革的權
力基礎來源。

　　接著，推動者可釐清相關利害關係人與彼此之間的影響
網絡，理解哪些人會因變革而獲益或受害，以提升成員對變
革的接受度與支持度。最後，可採取下列 3 種權力策略推動
變革：

- 開門見山直接說服：了解利害關係人的需求，善用現
  有的資訊，說服利害關係人推動變革的需要，以及因
  此可得的益處。
- 運用社交網絡：利用社交關係獲取他人對變革的支
  持，例如：與其他有力人士或團體結盟、接洽核心決
  策者、運用正式和非正式管道獲取資訊等。
- 迴避正式的系統：推動者可利用個人魅力、聲譽、專
  業可信度所賦予的正當性，迴避因組織結構和程序而
  產生的障礙，推動變革方案。然而，此一做法容易損
  害組織的權益，有道德上的爭議及潛在的負面作用。

二、組織變革理論

　　組織變革是組織為求提升組織效能，由目前狀態朝向設

定目標狀態前進的歷程。組織能否成功推動變革，涉及個體、團體、組織整體等多層次的因素，以下針對幾個重要的理論進行說明與討論。

1. 李文 3 步驟變革模式

社會心理學家李文（Kurt Lewin）認為組織推動變革應依照 3 個步驟執行，稱之為「李文 3 步驟變革模式」（Lewin's Three-Step Change Model）：解凍現狀（unfreezing）、推動變革（movement）、再結凍鞏固變革的成果（refreezing），循序進行，才可以使成員破除原有的舊習與方式，建立新的行為模式。

根據力場理論（force-field theory），李文指出組織中有兩股對立的勢力，即變革的力量與抵抗的力量，決定變革會如何進行以及是否發生，當兩股力量旗鼓相當時，組織會處於維持現狀的慣性，變革無法發生。組織必須先克服來自於個人抗拒和團體從眾行為的壓力，才可解除此慣性，並進行現狀的解凍。

為此，組織可試圖增加變革的推力（driving forces）、減少阻礙變革的拉力（restraining forces），或是以增加推力與減少拉力兩者結合的方式進行解凍。

現狀解凍後，管理者需立即執行變革方案，並維持改變的動能。當變革發生後，管理者應盡速結凍新狀態，以鞏固合意的狀態，維持變革的成果並使之持續下去。若再結凍的步驟沒完成，組織很快又會回復到變革前的原有狀態，使得

變革的結果成為曇花一現，難以為繼。

2. 柯特 8 步驟變革模型

企業近年來積極推動變革，然而多數企業的變革期望與實際結果落差太大，約 7 成的變革方案，最後以失敗告終收場（Beer & Nohria, 2000）。柯特（John P. Kotter）指出組織在推動變革過程中常犯的錯誤與最終結果，如圖表 9-3 所示。

柯特認為有效能的領導是影響組織變革的關鍵因素，組織能否成功轉型有 70%～90% 因素來自於領導效能的發揮，而管理制度僅有 10%～30% 影響。柯特以李文的 3 步驟變革模式為基礎，提出一套組織可依順序進行的變革 8 步驟模型，稱之為「柯特 8 步驟變革模型」（Kotter's Eight-Step Plan），主張循序進行、按部就班、缺一不可的重要性，進行步驟如圖表 9-4 所示。

柯特提供管理者 8 個步驟，以避免推動過程中常犯的錯

圖表 9-3　組織變革常見的失誤與結果

常見的失誤	結果
・過於自滿 ・未能建立強而有力的領導聯盟 ・低估願景的重要性 ・願景的溝通嚴重不足 ・未剷除實施新願景的障礙 ・未能創造短程成就 ・過早宣布改革勝利 ・變革的成果未能根植於企業文化之中	・新策略無法完成施行 ・購併未能發揮預期綜效 ・流程再造費時過久、花費過高 ・組織縮編未能控制成本支出 ・品質方案沒有產生期望效果

圖表9-4 柯特8步驟變革模型

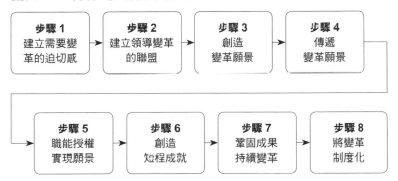

資料來源：J.P. Kotter (1995). Leading change. Why transformation efforts fail. Harvard Business Review, 73(2), 59-67.

誤。簡而言之，變革方案的執行涉及多項步驟，過程中需要動員充足的力量和決心，才能克服組織的慣性。

柯特的8步驟模型和前述的李文3步驟模型兩者有異曲同工之妙，柯特的前4步驟近似李文的「解凍」階段，第5～7步驟可類比為「推動」的過程，最後一個步驟功能則等同於「再結凍」的階段。

柯特認為當今的組織常有「過度管理而領導力不足」（over-managed, under-led）的現象，管理者因聚焦於日常的行政事務，過度注重繁瑣的細節，而未能充分了解內外部顧客和利害關係人的觀點與需求，以致於組織的創新與發展受到阻礙。因此，組織領導者須依循此8個步驟，逐步進行組織改造，最後將新的變革成果嵌入組織文化之中，方可使變革的成果與效用得以發揮和延續。

3. 行動研究

行動研究（Action Research）係指組織利用系統性的資料蒐集，依據資料分析獲致的結果，選擇應採取的變革方案的一種過程。行動研究提供了科學化的方法論，使組織能有效的執行變革計畫，其內容包含 5 個步驟：診斷、分析、回饋、行動與評量。首先，組織可任用外部顧問來推動變革，透過與員工的面談蒐集資訊，了解組織的狀況與問題。

資訊經過分析彙整後，將主要議題分享回饋給參與診斷和分析兩階段的員工，一起發展變革的行動方案。接著，針對執行方案採取行動，推動變革；最後再以最初始的資訊作為標竿，進行行動方案效能的整體評量。由於參與者是深受組織變革影響的成員，因此行動研究的變革推動方式，具有聚焦問題及降低阻力兩項優點。

4. 組織發展

組織發展（Organizational Development, OD）彙整了增進組織效能與員工福祉的變革方法，重視個人與組織的成長，強調員工的合作和參與，以及追根究柢的精神。

組織可由變革推動者主導組織發展方案的導入，有下列 6 種方式進行導入：

（一）敏感度訓練（sensitivity training）

參與者在自由、不受限的情境下，表達個人的意見與觀點，進行討論及互動。此方式著重參與的過程，成員可經由

在團體中的觀察及參與，獲得學習和成長。

（二）調查回饋（survey feedback）

透過問卷調查，蒐集成員對組織的看法，以了解成員彼此之間認知的歧異與解決之道。資料蒐集的範圍涵蓋組織決策、溝通、部門合作、工作滿意度與人際互動等相關議題，資料經過分析後，再將結果回饋給相關部門單位與員工。此方式有助於決策者了解員工對組織的態度，但管理者必須密切注意組織的現況，以及員工的回覆率。

（三）程序諮詢（process consultation）

組織可藉由外部顧問的協助，共同解讀與工作議題相關的事件，以及決定事件處理的方式。在共同診斷組織問題之後，顧問僅引導或教導顧客如何自己解決問題，不負責解決組織的問題，進而發展顧客分析事件和解決問題的技能。由於過程中有顧客的高度參與，因此在推動行動方案時會有較少的抗拒。

（四）團隊建立（team building）

組織利用高度互動的團體活動，增進團隊成員之間的信任與包容，以提升協調效率與團隊績效，活動內容包括：目標設定、成員之間的人際關係發展、角色定位與職責確認、團隊程序分析等活動。團隊的類型涵蓋任務團體、自我管理團隊、專案團隊等，由於當今組織多以團隊來執行任務，因

此團隊內部成員之間的互動與關係發展，對組織效能有重大的影響。

（五）群際發展（intergroup development）

組織為避免團隊之間的惡性衝突，透過群際發展的訓練課程，試圖增進對彼此的了解，改變團體對其他團體所抱持的態度、刻板印象與想法。組織導入群際發展著眼於了解因職業、職位、部門等不同而產生的差異，團體之間可分享和討論彼此間的相似性與差異，探討造成差異的原因。藉由問題解決導向的討論，團體可以發展出改善彼此關係的方案，朝向整合的目標前進。

（六）鑑賞探詢（appreciative inquiry）

強調正面思考，找出組織與眾不同的特質與優勢，以此為基礎改善組織的績效。鑑賞探詢聚焦在創造組織的成功，由訓練有素的變革推動者引領，透過「發現、築夢、設計、決定命運」（discovery, dreaming, design, and destiny）4 個步驟，使組織脫胎換骨，煥然一新。

首先，在發現階段，成員思索組織所擁有的優勢，細數對組織的滿意之處。在築夢階段，成員思考組織未來的可能發展，例如 5 年之內的狀況與成果。在設計階段，成員找出組織的獨特之處，並提出共同的未來願景。最後在決定命運階段，成員設定組織的命運，找尋實現夢想的方法，發展行動方案與執行策略，進而開創組織的命運。

三、創造鼓勵變革的文化

改變是組織中唯一恆久不變的事實，面對瞬息萬變的局勢，組織必須改造組織文化，主動出擊，掌握變動，才能維持組織的效能與競爭力。有鑑於此，組織可參考以下 3 種方法，以維繫組織日新又新、持續變革的能力。

1. 管理組織中的悖論與弔詭

變革永遠沒有終點或最佳狀態，組織推動變革需認知到其中隱含的弔詭。過去的成功經驗可提供組織滋潤的養分，或許可以作為重要的依據或參考，成為組織學習的基礎。然而，組織若過度依賴過去的經驗，反而可能阻礙組織進步。組織必須不斷挑戰既有的經驗，才能創造、累積新的知識與能力。因此管理者若能針對議題做全面考量與規劃，將可折衝平衡組織內的弔詭現象，帶領成員完成組織變革。

Beer & Nohria（2000）提出變革準則模型（code of change），探討在高階主管中常見的兩種心智模式：E 理論（Theory E）與 O 理論（Theory O），前者是由經濟價值觀點所提倡的變革，後者是根植於組織能力所創造的變革。兩者都是可行、有用的變革模式，但領導者在推動變革時應兩者並用，才能發揮最大效能。

E 理論變革策略代表傳統、硬性的變革途徑，主張創造股東利益是衡量企業成功唯一、最重要的指標。依此觀點，管理者可強力的運用經濟誘因、大規模裁員與人事精簡、組

圖表9-5　變革構面

項目	E 理論	O 理論	E 理論＋O 理論
目標	股東利益最大化	發展組織的能力	創造利益與發展能力兩者並行
領導	變革管理由上而下	由下而上全面參與	管理者設定方向員工全體總動員
焦點	著重結構與系統	建立企業文化	結構系統與文化並重
程序	規劃與建立方案	實驗與不斷改進	隨時做好變革準備
獎酬制度	以財務誘因激勵人心	以公平獎酬建立承諾	以誘因鼓勵變革
顧問的角色	分析問題與形塑方案	支援組織形塑方案	以專業知識賦能員工

資料來源：Beer, M. & Nohria, N. (2000). Resolving the tension between theories E and O of change. In M. Beer & N. Nohria (Eds.), Breaking the Code of Change (pp. 1-34). Boston: Harvard Business School Press.

織結構重整與重組等方式，進行組織變革。相對的，O 理論思維的管理者認為企業體質健全與否，不應單由股價高低來評斷，O 理論思維的管理者具有軟性的思維模式，希望能透過學習、回饋與投入，來建立發展企業文化與人員的能力。

　　Beer & Nohria 認為企業雖常將 E 理論與 O 理論的變革程序結合運用，卻沒有積極處理這兩種方式間存在的矛盾，因此提醒領導者在推動變革時，應明確理解兩者間的歧異。此外，領導者必須確立組織方向，鼓勵基層員工積極投入參與變革的過程。

2. 激發創新文化

　　成功創新的組織具有結構、文化與人力資源 3 方面的特色，組織推動變革時，應致力於引進這些特色，建立創新的文化與氛圍。

　　組織因分權與結構扁平化的結果，使組織具有高度的彈性與適應力。因此，有機式的結構有助於組織創新，若組織將創新與獎酬制度做高度連結，時時給予員工工作上的自主權與績效回饋，則能激勵員工有高度的創新意願。資源豐富的組織，通常擁有較多餘裕可供員工實驗創新，也較能承擔失敗的成本。此外，各單位之間的良好溝通、充分交換訊息，也有利於組織創新。

　　在文化上，創新的組織重視員工冒險犯難的精神，鼓勵實驗，不論成敗皆有獎酬，因此員工不會因為害怕犯錯而避免創新，鼓勵創新的組織擁有高度凝聚力，員工之間彼此扶持，共享組織的願景與目標。

　　此外，組織人力資源管理制度會影響組織創新的程度，由於創新需要冒險，而冒險隱含著失敗的風險，鼓勵創新的組織會提供應有的工作保障，使員工不會害怕因犯錯而被開除。此外，為使員工的知識與技能保持在最佳狀態，重視創新的組織會主動提供各種教育訓練課程，除了培植硬性的員工技術能力外，也重視軟性的社交技能訓練，使組織能成為一個社交技巧與專業技能兼備的高績效工作團隊。

　　組織應鼓勵員工勇於提出任何變革的想法，成為捍衛變革的理念鬥士（idea champions），積極推動變革，獲得他人

的認可與支持，克服員工的抗拒與組織的慣性。組織可培養
具有高度自信、堅忍不拔、精力充沛、有冒險精神的成員，
成為理念鬥士，賦予他們適度的決策權與工作自主權，使其
能成功推動變革與創新。

四、建立學習型組織

　　長久以來，管理者為了解決現行管理體系的問題，提出
了許多變革方案，如全面品質管理、流程改造設計，卻常常
忽略深層系統結構性的問題根源，只能「頭痛醫頭、腳痛醫
腳」的解決問題症狀。當管理者以權威來驅動組織變革，雖
有短期的良好成效，但僅憑領導者的熱忱和想法，往往無以
為繼，而使變革黯然終止。

　　聖吉（Peter Senge）在《第五項修練 III》一書中指出，
深遠的變革要能持續，關鍵在於組織思考方式的改變，組織
若不能從改變思考方式做起，進行深層變革，再多新的變革
方案終究徒勞一場。聖吉認為企業必須重視學習能力的養
成，並納入變革策略中，以集體學習能力建立起共同的熱望
（aspirations），成員全力以赴投入變革的行列，如此一來變革
方案才能奏效與成功。

　　奇異公司（GE）前執行長威爾許（Jack Welch）曾指出，
奇異公司的終極競爭優勢，來自於組織各方面不斷學習的渴
望，以及快速把這種學習轉化為行動的能力。過去組織進行
各式各樣的變革方案，獲得的結果極為有限，且成效難以維

持，然而，反觀組織學習能力的增進，所獲致的效果可以持續累積堆疊，可為組織帶來持續長遠的優勢與益處。

組織具有不斷學習的能力，學習型組織可以高度適應外部環境並隨之改變，具有以下 5 種特性（Senge, 2006）：

- 組織成員有認同與共享的願景。
- 組織成員捐棄慣用的思考及處理事務的方式。
- 成員以系統性觀念來思考組織的程序、活動、功能，與所在環境的互動。
- 成員開誠布公，跨部門、層級的進行溝通，不需害怕受到批評或懲罰。
- 成員共同努力完成願景，將個人私利或部門利益放在一邊。

持續不斷的變動是組織必然面對的事，組織需要靠集體的能力以迅速因應外界變化。為了落實組織學習，管理者必須改變組織的結構，以及由上而下的管理策略。聖吉認為推動組織變革不能單靠領導者一人或組織的少數人，而是需要讓組織成員能自行設計、共同參與和執行組織的變革方案。他指出組織變革沒有既定的或標準答案，成功關鍵在於不斷的實驗、觀察與反思。

透過參與目標的設定，使用新專案進行實驗，公開討論實驗結果，讓成員由成功和錯誤的經驗中學習，建立成員對推動變革的承諾感，吸引有相似理念和價值觀的志同道合者加入，進而將變革的涓滴滲透到組織的各個層級，形成一種以學習為導向的策略，建立一個良性的增強環路，持續推動

組織成長與發展。

　　組織可透過許多活動來實踐強化組織學習，如新的經營理念、管理方法及工具，以及基礎結構的創新等，讓成員參與這些活動，培養持續變革的能力，才能推動組織的深層變革。組織推動深層的變革，難有一蹴可幾、立竿見影之效，管理者若能運用組織成員的熱忱、創造力和動力，讓成員明瞭變革方案可以為個人帶來好處與成果，將可轉化員工的態度，使其由消極遵從，轉而積極投入，進而持續強化深層變革的流程。管理者可藉由以下 3 種方式，使組織成為學習型組織：

- 說明領導理念與建立策略：管理者應該清楚說明組織的創新理念，協助員工以新方式來思考與行動，並提出組織對於推動變革與創新的承諾與具體方針。

- 重新設計組織結構：僵固的組織結構會阻礙組織學習的進行，組織可以裁減或整併部門，發展新的治理結構，利用扁平化結構和跨功能團隊減少疆域限制，使資訊可以跨越疆界充分交流，強化部門和成員彼此間的支持與依賴。

- 重塑組織文化：管理者應展現改造組織現有管理制度的決心，重新檢視組織做事的方式，與員工開誠布公討論組織所重視的價值觀、信念和基本假設。透過績效評估與獎酬等管理制度，鼓勵員工挑戰既有的心智模式，不斷的實驗、反思與探詢，持續推動變革、學習與創新。

參考文獻

1. Beckhard, R. (1997). *Agent of Change: My Life, My Practice.* San Francisco: Jossey-Bass.

2. Beer, M. & Nohria, N. (2000). Resolving the tension between theories E and O of change. In M. Beer & N. Nohria(Eds.), *Breaking the Code of Change*(pp. 1-34). Boston: Harvard Business School Press.

3. de Bonvoisin, A. (2009). *The First 30 Days: Your Guide to Making Any Change Easier.* New York, NY: HarperOne.

4. Cummings, T.G. & Worley, C.G. (2015). *Organization Development and Change,* 10th edition. Stamford, CT: Cengage Learning.

5. Greiner, L.E & Schein, V.E. (1988). *Power and Organization Development: Mobilizing Power to Implement Change.* Reading, Mass.: Addison- Wesley.

6. Kotter, J.P. (1995). Leading change: Why transformation efforts fail. *Harvard Business Review,* 73(2), 59-67.

7. Lewin, K. (1947). Frontiers in group dynamics: Concept, method and reality in social science: social equilibria and social change. *Human Relations,* 1, 5-41.

8. Lewin, K. (1951). *Field Theory in Social Science.* New York: Harper.

9. Miller, D. (1982). Evolution and revolution: A quantum view of structural change in organizations. *Journal of Management Studies,* 19, 11-151.

10. Robbins, S.P. & Judge, T.A. (2019). *Organizational Behavior,* 18th edition. Pearson Education Limited.

11. Scott, C.D. & Jaffe, D.T. (1998). *Managing Organizational Change: A Practical Guide for Managers.* Los Altos, CA: Crisp Publications.

12. Senge, P.M. (2006). The Fifth Discipline: *The Art and Practice of the Learning Organization,* 2nd ed. New York: Random House.

13. Senge, P.M., Kleiner, A., Roberts, C., Ross, R., Roth, G., & Smith, B. (1999). *The Dance of Change－The Challenges to Sustaining Momentum in Learning Organizations.* New York: Doubleday/Currency.

14. Smollan, R.K. (2011). The multi-dimensional nature of resistance to change. *Journal of Management & Organization,* 17(6), 828-49.

15. Tichy, N. (1993). Revolutionize your company. *Fortune,* 13, 114-18.

第10課

職場健康與永續根基

順應全球政經趨勢，職場健康與工作壓力的研究與實務歷經數十年發展，從降低壓力進化為促進健康，從職場安全進階為提升福祉，從聚焦良好工作體驗擴大到增進全面生活品質，從基本法遵提高到企業倫理。創造員工的幸福職場，厚植企業的永續根基，依然是職場健康管理的新挑戰。

- 職場健康管理的重要性
- 工作壓力的本質與歷程
- 管理工作壓力
- 建立優良「雇主品牌」
- 職場健康與永續管理的新挑戰

▼

陸洛

現任國立台灣大學工商管理學系教授，英國牛津大學實驗心理學系博士、博士後研究。研究興趣為人格／社會心理學、及組織行為／人力資源管理，發表中英文期刊論文 190 餘篇，獲科技部傑出研究獎、Emerald Literati Network Awards for Excellence 之「高度推薦論文獎」。

現任 International Journal of Stress Management（APA Journals, SSCI 期刊）主編。著有《心理學》、《實用心理學》、《組織行為》、《人力資源管理》、《新世代人力資源管理之挑戰與契機》、《消費者行為》、《商業心理學》、《管理心理學》、《人際關係與溝通》、《中國人的自我》、《變革抗拒》、"Handbook of research on work-life balance in Asia"（Edward Elgar Publishing）、"Presenteeism at work"（Cambridge University Press）等書。

一、職場健康管理的重要性

人力資源的運用涉及個人、組織、社會等諸多層面,也滲透到各種日常生活現象。以社會快速變遷、經濟持續轉型、全球化衝擊迫在眉睫的台灣社會為場景,在此特定歷史、社會、經濟與文化脈絡中,產生的勞動場景改變與人力資源運用的新挑戰,包括非典型組織設計與工作型態改變對組織與員工的衝擊、個人多重角色扮演衍生出職家互動本質的蛻變、兼顧個人生涯發展與生活品質的適應意涵,還有企業合併、人力精簡、全球競爭、科技更新、工作不安全感對個人工作體驗的衝擊,以及企業在國際化、全球化過程中,面對的西方主流價值挑戰、接軌國際社會政經運作、兼顧企業競爭力與永續發展的衝突[1~3]。

職場生態瞬息萬變,不變的是工作壓力與日俱增、不確定性成為常態,日積月累的職場壓力對個人、組織,甚至對國家社會都會造成極大的傷害[4]。

在個人方面,工作壓力是心血管疾病的危險因子,也與胃潰瘍、緊張性頭痛、失眠、內分泌失調、下背痛、消化不良等多種身體疾病有關;工作壓力還會引發憂鬱、焦慮、恐慌、自卑、酗酒、藥物濫用(如依賴安眠藥、止痛藥)等嚴重的心理問題,甚至導致自殺行為;也是職場偏差行為、暴力(如被裁員者挾怨報復,傷害主管、家人或無辜同事)等悲劇背後的重要原因。

在組織方面,50% 的缺勤與工作壓力有關,40% 的員工

離職也肇因於工作壓力，企業每年因工作壓力而損失的產能更高達 5%（約 30 億美元）。在國家與社會方面，工作壓力相關的代價占美國 GNP 的 12%，占英國 GNP 的 10%，台灣的狀況應也相似。就工作壓力影響所及，60% ～ 70% 成年男性、30% ～ 60% 成年女性都可能是受害者，23% 兒童與青少年（如學生打工族）也可能是受害者。工作壓力不會局限在職場，而會滲透到個人的家庭、社交、休閒生活，透過人際傳染，工作壓力幾乎可能波及每個人。

在人力資源管理中，有效分析和處理工作壓力十分重要，因這關係到能否充分發揮每一個員工的潛能，以達到最大的組織效益，同時提升員工工作品質和心理福祉，讓快樂工作的員工、成功經營的企業，一起為社會創造雙贏甚至多贏的幸福。

聯合國在 2016 年開始實施的「永續發展目標」（Sustainable Development Goals，SDGs）共有 17 個項目，其中就把「促進包容且永續的經濟成長，達到全面且有生產力的就業，讓每一個人都有一份好工作」（Decent work and economic growth.）列為第 8 項目標，先進國家的企業遂認真面對職業壓力這個問題，引進各種壓力減低或壓力管理方案（stress management programs）。

在國內，職業壓力問題愈來愈凸顯，已引起學術界和工商界廣泛的興趣，不少學者從心理學、社會學、工業安全、勞動醫學、職業病等多學科角度，切入探討職業壓力及其防治，更有一些工商組織在人性化管理的理念下，推動各種員

工輔導方案,力求提升工作品質及組織效益。

　　但是,工作壓力的本質究竟是什麼?職場上哪些環境特質會成為多數人的工作壓力來源?我們必須先了解上述問題,才能在實務的管理工作和員工輔導上,設計出有效的壓力抒解方案。

二、工作壓力的本質與歷程

　　工作壓力的產生是人和環境不斷互動的結果,是一個複雜的動態歷程,環境刺激和個人反應兩方面必須同時考慮。換言之,壓力的產生是源於人與環境間的某種特殊關係,也就是說壓力是一種個別現象,是個人歷經評估和因應過程的結果,過程中,個人會評估個人資源(內在、外在)是否足以應付環境需求,並以認知和行動來因應壓力,以期重建身心平衡的狀態。[5]

　　工作壓力的研究,一般以個人遭遇(或感受)的壓力為自變項,對身心健康的影響為依變項,探討兩者間的關聯並尋找調節及中介因子(如社會支持、因應方式、人格特質等)的影響,這樣的模式可概示如圖表 10-1[同5]。管理學的研究更指出工作壓力不只是員工的感受與福祉,也會影響員工的工作行為,如動機、投入、活力,終至表現。當然,集個別員工的工作表現便是組織的集體生產力,工作壓力終究關聯企業的經營底線──績效(Cooper & Leiter, 2017)[6]。

　　在此要特別強調,職場上發生的客觀事件本身並不重

圖表10-1　工作壓力的動態歷程

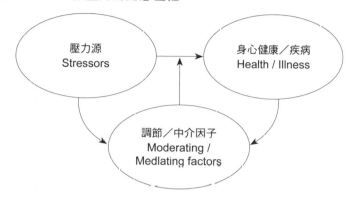

要，重要的是個人認為該事件所蘊含的要求，已超過自己的因應能力。工作要求與個人能力的平衡與否，並非指客觀真實的工作要求與個人能力，而是個人知覺到的工作要求與自身能力。因此，工作壓力最適合透過個人對環境事件，以及個人因應能力間平衡性的認知評估來描述。

另外，人們會不斷評量自己身處的環境，評估環境對自己的要求，並試圖運用各種可能的資源，重建個人與環境間的平衡（Lazarus & Folkman,1984）[7]。最後，此處談的工作壓力歷程觀，其實與法蘭奇（French）等人提出的人境適配理論（Person-Environment Fit Theory）有相當多異曲同工之處[8]。假設人有各種需求和能力，工作也有各種誘因和要求，那麼若個人和工作配合不當，則個人的福祉（well-being）便會受到傷害。

人境適配也有兩類，一為動機性，即個人需求與工作誘

因之間的配合；另一為能力性，即個人能力與工作要求之間
的配合。由此可知，工作者的動機和能力在工作壓力的歷程
中，都有顯著且重要的意義。

　　實務層面上，若能分別處理動機缺乏和能力缺乏的問
題，則工作壓力管理方案應可更具特異性，也可能更有效。
工作壓力若源自動機性人境失衡，如工作無法為員工帶來成
就感，則重新設計工作，因為豐富、具挑戰性、對員工有意
義的任務，就是有效的壓力因應對策；當然，也可以引進不
同的激勵系統，增強員工對工作的投入。工作壓力若源自能
力性人境失衡，則提供適當的教育訓練、導入技術輔助，甚
至重新派任，強化員工執行任務的效能，都是減輕壓力的有
效策略。

　　一般工作壓力的研究會考慮 3 個項目：壓力的來源（自
變項）、壓力造成的結果（依變項），及調節因子或中介因子
的影響，圖表 10-2 的工作壓力模式，即整合了既有理論和研
究成果。

　　首先，這個模式視工作壓力為一個個人現象（personal
phenomenon），因此強調壓力感受是連結潛在壓力源與壓力
後果之間不可或缺的中介因子，而個人在壓力感受的易感性
上有極大差異，表現為工作壓力的特異性。

　　其次，個人在環境中是主觀的、能動的，而非被動反
應，而此個人能動性雖然啟動了壓力歷程，終極意圖卻是要
恢復人境的平衡。為達此目的，個人會動用所有的內在和外
在資源，而這些內外資源（或限制）既可能影響個人對潛在

圖表10-2 工作壓力模式

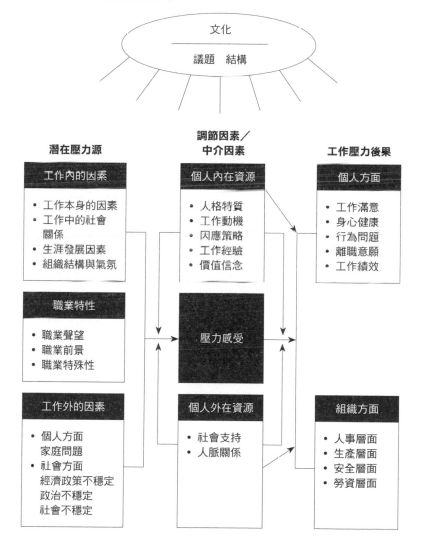

壓力源的壓力感受，也可能影響壓力感受轉化為壓力後果的可能性和程度。

第三，這個模式雖然是以個人為中心的心理學取向，但並不排除社會文化的影響。一方面，不同的社會文化結構及歷史脈絡，可能塑造出個人不同的價值和目標，進而產生不同的主觀世界，以符合社會規範和社會取向，甚至不同社會文化中的人們，可能有不同的情感表達方式，用不同的因應方式面對壓力；另一方面，不同社會和文化提供給個人的支持網絡和程度，也大有不同。

因此，某件特定的環境事件在某個社會中可能被認為相當有壓力，但在另一個社會可能就不那麼有壓力，甚至完全沒有壓力。據此，任何工作壓力的跨文化比較，及至壓力管理方案的設計，均需仔細考慮各自的社會文化和歷史背景，落實到特有的組織文化與工作環境，才有意義與效益。

最後，這個模式包含多元成分，統合了以往工作壓力的理論與研究，以互動的壓力觀為基本立論，含括了壓力源、中介／調節因素和壓力後果，意圖呈現工作壓力的整體歷程。實際上，工作壓力的不良後果（如工傷或意外事故），很可能成為新的潛在工作壓力源；同樣的，個人運用內、外在資源以因應處理事件後，也可能改變了客觀的工作環境或主觀的知覺壓力感受，甚至帶出壓力的正面效果，如成就感、學習與成長。

由此可見，這個統合的工作壓力模式是具動態性、可變性，只是為求精簡避免混淆，圖表 10-2 並未畫出所有的回饋

路徑。以下，我們將稍加說明上述模式的主要成分。

1. 潛在壓力來源

　　潛在的工作壓力來源可概分為兩大類：工作內的因素和工作外的因素。以往的工作壓力研究頗為重視工作內（即職場中）的壓力來源，也有多種分類系統，筆者將之統整為工作（job）、關係（relationships）、生涯（career）和組織（organization）四大類。

（一）工作內的因素

❶ 工作本身的因素

　　主要包括工作任務（task）、工作角色（role）和工作酬賞（rewards）。個人的工作設計（如重要性、自主性、變化性、心力和體力的負荷）和工作條件（如作業環境、上班時間、工安保障、設備物資）皆是與工作任務有關的壓力源。角色負荷、角色衝突、角色模糊、角色認同和角色歧視（如對女性、高齡、少數族裔、外籍工作者的歧視與排擠），均是與工作角色有關的壓力源。薪酬福利、工作保障、升遷機會均是與工作酬賞有關的壓力源。

❷ 工作中的社會關係

　　主要有對外和對內兩類，對外的社會關係主要是因工作所需，而與組織外的人所發生的關係（如客戶、供應商、生態圈或供應鏈企業中的協作人員、政府或其他機構的人員等）；對內的社會關係又可分為個別與結構兩種，個別的社會

關係是一對一的，如與上司（或主管）、同事、下屬、團隊成員，或與組織內其他部門同仁的關係。

結構性的社會關係則指東方社會特有的人脈經營和「圈子文化」等內隱或外顯的結構性、規範性因素，在組織運作的社會關係中成為潛在的壓力源，這與西方管理學文獻中所謂的組織政治、組織公平（organizational politics, organizational justice）等概念相比，常更被廣泛滲透、隱晦微妙，卻如人飲水點滴在心——在組織中被歸為「非自己人」的壓力，最終結果常以離職收場（Chang & Lu, 2007）[9]，對企業來說是人才的損失。

❸ 生涯發展因素

指工作發展前景、工作與生涯目標的符合性、個人在特定生涯階段所面臨的任務和危機，以及個人在工作中得到的成就感和肯定。隨著知識經濟發展，高專業人士、年輕世代的員工，更在意「工作意義」（meaningful work），也更有自主性的追求「多變職涯」（protean career），意即自己決定職涯發展、自由選擇對自身最有利的職涯方向，對「成功」的定義不再是客觀的頭銜和薪水，而是由個體主觀認定（Gubler, Arnold & Coombs, 2014）[10]。

循此，不管是因在組織內發展受阻，還是組織核心價值與個人價值發生牴觸，都可能變成員工的壓力來源，引發一連串因應調整，甚至萌生退意。

❹ 組織結構與氣氛

包括「硬體」的組織制度，及「軟體」的組織文化。前

者如組織分化、階層、規章、紀錄、決策過程、溝通管道等結構性因素，衍生的本位主義、協作困難、權責不清、效率不彰、權力衝突等壓力；後者如領導風格、組織氣候等軟性因素，衍生的獨裁專制、不當領導、文化僵化、缺乏支持等壓力。

（二）工作外的因素

雖然工作內部的因素可能是工作壓力的重要來源，但任何組織都離不開其社會脈絡，任何工作者也都離不開其生活背景，於是，工作之外的因素也可能直接或間接滲透到組織和工作中，成為另一人類潛在的工作壓力源。在此，可從個人與社會兩方面來思考。

個人方面的因素幾乎可歸結為家庭因素，如個人或家庭生活中，正常或不正常的重大事件（前者如結婚生子，後者如離婚或重大傷病），家庭生活型態的日常要求（如雙生涯家庭、單親家庭、通勤家庭等職家角色的協調），個人或家庭生活中持續存在的緊張與壓力（如夫妻不和、親子衝突、財務困難等）。[11]

社會方面的因素包括經濟、政治和社會三個層面，經濟景氣衰退、經濟政策改變、全球經濟競爭激化等，均屬於經濟面的壓力因素；政治不安定、政府效能、政治公平（如兩性不平等、勞資不平等、種族不平等），均屬政治面壓力因素；社會穩定惡化、社會價值淪喪和社會正義缺乏，則構成社會面的壓力因素。

（三）職業類別的因素

當跳脫個人或單個組織的層次，進行職業之間的比較，會發現不同行業的從業人員健康狀況似有差異。聯合國世界衛生組織（WHO）根據大量社會流行病學的研究證據，明確指出全世界普遍存在嚴重的「健康不平等」（health inequality）現象，意即在所有國家中，低、中、高社會階層間都存在著健康鴻溝，個人的社經地位愈低，健康風險愈高（如慢性疾病、預期壽命、重大傷病）。

影響此般健康差異的社會性因素（social factors），包含教育、職業、收入、性別、種族等，其中低社經地位者每天暴露於「高工作壓力、低工作回饋」的就業處境，正是造成健康高風險的關鍵原因[12]。聯合國於 2016 年起開始在全球範圍內導入 17 項永續發展目標，敦促各國政府透過立法將目標納入國家法律體系，並制定執行計畫與訂定預算。

SDGs 目標 8 即為「良好工作、經濟成長」（Decent work & economic growth），落實在企業（雇主）責任上，即指公司應創造友善正面的工作環境，讓每一個人都有一份好工作，達到全面且有生產力的就業，促進包容且永續的經濟成長。西方發達國家（如歐盟）主要由政府的規範與誘因來推動，例如以企業社會責任（CSR）評比企業在雇主責任（employer responsibility）上 的 表 現， 制 定 社 會 採 購 法（social procurements），來選擇公共工程的承包商、公務採購的供應商及專案合作廠商。

雇主責任中，很重要的評量指標便是「促進員工福祉」

（promoting well-being），維持健康且有生產力的人力資源。換言之，以消除健康不平等，提升福祉為企業社會責任的終極關懷，人資管理者必先掌握產業、組織特有的工作壓力來源，始能導入有效的福祉方案（well-being programs），幫助企業完成永續經營的策略目標，這在發達國家已是主流價值，也是國際社會發展的趨勢。

以行業而言，專業程度高、必須對他人生命負責、市場重複性高，以及高風險性的從業人員，均會感到較高的工作壓力，例如醫護健康業一直被視為高壓力工作，因其從業者除了要面對圖表 10-2 所列的一般工作內壓力因素外，常規工作中更有照顧病人、處理死亡和傷殘等眾多令人不愉快、不舒服的任務，醫療工作環境中的不確定、緊張、責任、權力結構（組織中各階層權力分配的不對等）、技術更迭等，皆日積月累的成為醫療工作者的高壓工作體驗，工作滿意度低落和職業倦怠不僅傷害從業人員的身心健康，人才流失也成為組織發展的嚴重阻礙 [13,同11]。

值得一提的是，壓力有加成甚至加乘的現象。任何一個潛在壓力源，都存在於個人獨特的生活世界中，形成一張錯綜複雜的壓力網，一個主要壓力事件（primary stressor），可能引發一連串的次級壓力事件（secondary stressors），如離婚造成身分改變致家庭責任驟增、負面情緒影響工作表現致職場人際關係緊張。

某些壓力源也可能是長期累積的背景壓力（background stressors），平時不明顯，一旦有突發事件，衝擊可能因原本

的資源緊縮而被放大，如單親家庭的工作者，遇上必須加班趕工的要求，則壓力感更大。由此可知，若要了解個人的壓力感受狀態，就必須通盤評量所有可能存在的壓力源，兼顧工作內、外的因素。

2. 調節因素與中介因素

任何環境或工作對每個人的影響不一樣，有的人在壓力情境中能激發潛能，出現超水準的表現；另一些人則很容易被壓力擊倒，這些個別差異的來源，正是前述模式（圖表 10-2）中的第二部分，即調節因素與中介因素。在本模式中，「壓力感受」即是理論上所界定的中介因子，因為預測因子（工作內外的潛在壓力源）並不會自動、必然的成為實際壓力源，必須經由個人的認知和心理感受，方能產生結果（壓力的後果）。

大家常說壓力也可以是助力，確實如此，差異的起點便是當事人對「事件」的認知，及賦予的主觀意義。管理學的研究現已依大多數人對壓力源的感受，將其分成兩大不同屬性的類別：挑戰型壓力（challenge stressors）和阻礙型壓力（hindrance stressors），兩者引發的因應歷程不同，對個人的後果也不同 [14]。

挑戰型壓力如時間緊迫、工作量大，雖然是壓力，有人卻視為自我挑戰與表現機會，激發出好勝心與投入動機，加倍努力，成功克服達成任務後會帶來極大的成就感，並增強自我效能感，厚植了下次面對壓力時的心理資源（如經驗與

自信）。反之，若個人自覺工作關係與工作環境妨礙了目標達成，如角色衝突、角色模糊、關係緊張、工作不堪負荷，會引發焦慮、不滿、無助、憤怒等負面情緒，進而引發退縮逃避、報復破壞等偏差工作行為，當然工作績效也會遭受波及。由此可見「壓力感受」雖然主觀，卻是連結環境與反應的關鍵一環。

不過，如我們一再強調的，即便是同樣的壓力來源，還是會在不同人身上引發不同的壓力感受，而且，同樣程度的壓力感受，也會在不同人身上、不同組織中造成不同的壓力後果。調節潛在壓力源與壓力感受，壓力感受與壓力後果之間的關係，正是本模式中的調節變項：個人內在資源和個人外在資源，前者包括人格特質、工作動機、因應策略和工作經驗等心理資本；後者則主要指社會支持、組織支持等社會資本。

（一）個人內在資源

❶ 人格特質和因應策略

與工作壓力歷程有關的人格特質，主要有 A 型性格和內控人格。A 型性格的人有 3 大特徵：（1）企圖心旺盛，成就欲強，愛競爭比賽；（2）時間緊迫感強，反應快，行動快，講求效率；（3）人際敵意高，人際關係緊張，易與人有爭執和摩擦。很多研究不僅證明 A 型行為模式的人，有較高罹患冠狀動脈心臟病的風險，也是其他壓力相關疾病的重要危險因子。

這主要肇因於他們的高成就與完美主義傾向，A 型性格的人對自己的高要求表現為在壓力下加倍努力投入工作，絕不輕言放棄，無法容忍自己的表現不佳；A 型性格的人對他人一樣高標準，期望別人跟上自己的節奏，常以高壓手段要求他人配合，故給自己、給別人，特別是部屬帶來極大壓力，容易造成關係緊張，較缺乏社會支持，這些因素也較可能放大壓力的負面效果。

控制感是指人們對所遭遇事件的結果與自身行動之關聯所做的解釋，即對自我與環境互動的看法。在一個極端，個人認為事件在很大程度上是由機遇或其他有權有勢的人所操縱，自身的行動與事件的起因和結果均無關，也就是他們相信控制來自個體外，此為「外控」人格；而在另一極端，個人相信事件是操之在己，即他們的行動可以影響事件的發生和結果，此為「內控」人格。許多研究發現，內控者的自我效能感較高，也較專注解決問題，對行動效果的自信強，抗壓性也較強，內控人格因此發揮了緩衝壓力的效益，較少受到壓力的負面影響。

一旦壓力出現，個體便會採取各種因應策略，試圖減輕對自己身心的負面影響，而個體由於生活經歷、個性、和資源等背景因素不同，慣用的因應方法也不同。賴塞羅與佛克曼（Lazarus & Folkman, 1984）最先提出問題焦點（problem-focused）和情緒焦點（emotion-focused）的因應行為兩分法，再加上尋求社會支持，構成了因應策略的基本分類架構。

在工作壓力的脈絡中，問題導向的因應策略包括理性有

計畫的解決問題、蒐集資料、管理時間、專注行動等；情緒導向的因應策略包括拖延逃避、藉由酒精、藥物、食物、購物等無關活動來抒解壓力，或直接宣洩情緒；尋求社會支持的因應策略則包括與主管溝通、向同事求助、要下屬幫忙，及向親朋好友或組織機構尋求支持和幫助。

這些因應行為的可用性（availability）及有效性（effectiveness）可能會深深改變壓力感受與壓力後果之間的連結，大部分研究都顯示問題焦點與尋求社會支持的因應策略比較有效，但也非絕對，有時先處理情緒再面對問題的效果更好，原則是「審時度勢」，最好的因應策略是最適合特定壓力情境的選擇，還要考慮壓力的演進歷程（時間與階段）。

❷ 工作動機和個人價值

除了人格特質和因應策略可能是工作壓力歷程中寶貴的個人資源外，工作動機和個人價值也是重要的潛在資源。如人境配合理論所言，每個人希望從工作中得到的滿足不相同，可概分為兩大類工作動機：內在動機和外在動機。

內在動機可視為以工作為目的的心理需求，如工作中的自我成長和自我實現、控制感和責任感、別人的讚許和肯定、工作本身的有趣性，及工作中溫暖的人際互動等；外在動機可視為以工作為手段的心理需求，如薪酬福利、工作條件、升遷權力、社會地位及生活保障等。個人價值則指更廣義的人生價值、信念、態度，及與工作相關的特定價值、信念與態度。

顯然，不同的工作動機和價值信念，可能影響個人對潛

在工作壓力源的詮釋,進而影響其壓力感受和壓力後果。大量研究都顯示,內在動機、以工作為使命的價值具有壓力緩衝的效果,能增強抗壓性;但管理學的研究也發現外在動機,如追求財務報酬,在某些條件下也能讓個體有效對抗壓力,維持良好的工作表現,前提是個體的自主選擇與認同(Gerhart & Fang, 2015)[15]。

❸ 工作經驗

工作經驗也是一個重要的減壓因素,雖然工作年資與工作壓力的關係十分複雜,但大體而言,工作經驗對工作壓力的緩衝作用可能有兩大機轉。

首先是選擇性退出的可能,通常工作壓力很大的人會選擇自動離職,或因壓力調適不良導致工作表現低落及其他不適任現象而被辭退,因此留在組織中的資深員工大多是適應良好者。其次,時間是良師,也是良醫,許多工作壓力需要時間調適,學習建設性的適應技巧或接受現實,修正期待,這些都需要時間。所以,組織中的資深員工應是適應良好者,也感受到較少的工作壓力。

(二)個人外在資源

以上所述的人格特質、因應策略、工作動機、價值信念和工作經驗皆屬個人內在的資源,個人外在資源同樣可以在工作壓力的歷程中,發揮重要的調節與緩衝作用,而最重要的資源非社會支持莫屬:

- 社會支持的來源可分為工作內(如主管、同事、下

屬）和工作外（如家人、朋友、機構組織）。

- 社會支持的形式可分為正式（如組織提供的員工支持方案、壓力管理訓練）和非正式（如日常工作內外的支持性活動）。

- 社會支持的種類可分為實質幫助（如分擔工作）、資訊支持（如分享經驗）、情緒支持（如傾聽、接納）和陪伴（如聯誼、共同從事休閒活動）。

- 社會支持的機轉可分為緩衝效應（感受到高度工作壓力時，社會支持的保護作用尤為彰顯）和直接效應（不論工作壓力的感受程度如何，社會支持皆有正面的保護作用）。

提供社會支持時也應考量與壓力情境的配合（如時間、種類、數量、來源），以及個人想要與實際得到的支持的契合，方能讓社會支持發揮最大有效性（effectiveness）和效益性（efficacy）。

3. 工作壓力的後果

一旦感受到工作壓力，必定會表現出某種後果，因為任何重塑人境平衡的努力（認知、情緒或行動），皆需消耗心力和體力、個人資源和社會資源，疲勞已是最少的壓力代價了[同11]，其他後果可從個人和組織兩方面來考量。

在個人方面，工作滿足低落、心理症狀或疾病、身體症狀或疾病的發生，皆是工作壓力的後果，個人的行為問題又可分一般問題行為（如物質濫用、反社會行為或偏差行為）

和組織行為問題（如減少組織承諾和工作投入、疏忽職守甚至破壞行為）。當然，過度的壓力也會導致工作表現低落、績效差。

工作壓力的後果也可能巨觀的表現在組織營運上，包括人事層面（如缺勤率高、流動率大）、生產層面（如員工士氣低落、生產力降低）、安全層面（如意外事故頻傳）和勞資層面（如罷工抗爭、勞資關係惡化）。

綜上所述，工作壓力是一個主觀個人的現象，複雜多元的歷程，流動可變的狀態。在此歷程中，人與環境是互動的，環境予人要求，人則主動維持或重建與環境的平衡。在這個「工作壓力模式」引導下，配合標準化的工作壓力評量系統，如「職業壓力指標」[16]，再輔以多元的研究策略，國內外系統性的實證研究，以充分的學術證據支持了前述理論中的主要命題：

- 工作內、外之潛在壓力源，確會引發個人壓力感受。
- 壓力感受的強弱會因個人內在資源（如個人特質）及外在資源（如社會支持）的影響而有所不同。
- 壓力感受會導致個人層面與組織層面的壓力後果。
- 個人的內、外在資源，又會調節壓力感受與壓力後果之間的關係。
- 個人的內、外在資源也會直接影響壓力的後果。
- 個人背景因素（如性別、年齡）、工作背景因素（如年資、職位），以及職業因素（如職業特性、職業前景）也會對工作壓力歷程產生影響。

例如，高旭繁和陸洛整合了國內研究的大樣本資料[17]，檢視圖表 10-2 統合性工作壓力模式中，工作壓力對其後果（工作滿意度、身心健康、離職意願）的影響，以及因應策略與內控人格的調節效果，結果相當符合理論假設，顯見這個工作壓力模式很適用台灣的工作場域。

　　其次，這項整合分析也發現一些重要的組群差異，即高工作壓力及壓力後果的危險組群為女性、未婚、年輕、資淺、大專學歷、非管理職的員工。

　　不同職業別員工的工作壓力與壓力後果亦有差異，具體而言，社會及個人服務業工作壓力最高，其次為交通運輸業，製造工程業及商務金融業工作者的工作壓力最低。

　　在工作壓力後果方面，商務金融業者工作滿意度最高，製造工程業者工作滿意度最低；從事商務金融業及製造工程業者，身心健康均較佳，反之交通運輸業者身心健康最差；從事商務金融業者的離職意向是所有職業別中最低的。

　　整體看來，製造工程業的工作者，在工作壓力歷程中具有相當優勢，工作壓力感受最低、身心健康均最佳。這些結果都呼應、彰顯了前文所述的工作壓力的四大本質：主觀性、互動性、歷程性、特異性。

三、管理工作壓力

　　承前所述，減輕工作壓力、促進員工福祉，不只是善盡企業社會責任，履行雇主義務，更對組織基本面有著極大助

益，如提升員工績效，改善勞僱關係，減少病假缺勤等
（Cooper & Leiter, 2017）。

「壓力管理方案」或「健康促進方案」即為組織導入的各
項干預措施，旨在減輕工作壓力，促進員工福祉，通常聚焦
在「源頭管理」──消弭潛在的工作壓力源，或「結果管理」
──緩解工作壓力造成的負面後果，以下用圖表 10-3 來分類
整理文獻中各種方案，提供快速一覽表。

近年在企業社會責任及永續價值的引導下，西方企業導
入的各項壓力管理及健康促進方案琳琅滿目，但嚴謹的方案
評估及有效性學術研究卻不多，綜覽現有文獻，圖表 10-3 中
所列的個人層次方案，真正有效的有：放鬆訓練、正念訓練
及認知行為治療；組織層次方案中真正有效的則有：工作再
設計、彈性工時或工作安排 [18]。

圖表10-3 「壓力管理方案」或「健康促進方案」類別

方案種類	個人層次	組織層次
消弭壓力來源	• 甄選與衡鑑 • 入職前健康檢查	• 工作再設計 • 彈性工時／作 • 主管訓練（如有效領導）
緩解壓力衝擊	• 放鬆、冥想、正念訓練 • 健康促進（如運動、體適能、瑜伽） • 社交技巧訓練 • 因應技巧訓練 • 認知行為治療 • 心理輔導（如藝術治療）	• 改善組織內溝通、決策 • 衝突管理 • 同儕支持團體 • 導師制及生涯管理

當然這並非意味其他方案都無效，只是現有證據基礎還不足。值得一提的是，組織所做的任何努力員工都看在眼裡、記在心裡，轉化成對組織支持的感知，進而強化對組織的認同感及回報意願，這便是「雇主品牌」的內部行銷。

　　在組織層面上，重新設計工作的內容和流程、利用科技導入彈性工作選項（如在家工作）、設計彈性工時、改善領導統御和主管的管理技巧、強化內部溝通與協調機制、提供專業的員工輔導和諮詢、建立優質的組織文化等，都是減輕工作壓力的方法，但組織變革與發展曠日長久、成本高，效益卻不一定短期可見。回歸到個人層面，在工作大環境不變的前提下，企業依然可以幫助員工增進個人壓力管理的技能，強化心理韌性來緩衝壓力，維持身心平衡。

　　經過大量心理學研究證明，確實有效的壓力因應方法大致有三類：放鬆法、尋求社會支持、轉念重新評估壓力。

1. 學習放輕鬆

　　「放鬆法」只是一個大標籤，儘管各種方法形式各異，最主要的目的都是希望透過控制肌體的生理活動，如心跳、血壓、肌肉緊張度等，來減輕壓力的感受。「靜坐」也許源自宗教的唸經祈禱，現在已被廣泛用作壓力抒解的技法，靜坐者一般要重複一個單字或聲音，同時將自己的意念完全集中到一件特定的事物，可以是牆上的一幅畫、自己身體的一部分、陽台上的一盆花等。總之，當你完全把注意力集中到特定物體上後，外界的紛擾就不再影響你的心緒了，一般在約

20分鐘的靜坐後，人們會覺得輕鬆、平靜，壓力感顯著降低。

另一種常用的放鬆技巧稱為「漸進放鬆法」，採用這種方法，先選定一個肌肉群，如額部肌肉，皺起眉頭，稍後再完全放鬆，仔細體驗兩種狀態的差異。練習幾次後，再換一組肌肉群，這次可以練習上手臂的肌肉，依此更換練習，盡力體驗肌肉處於收縮與放鬆狀態的不同感受，由此便可學得什麼叫放鬆，當自己感覺有壓力時，便要盡力回到那種放鬆的狀態。

靜坐和漸進放鬆法似乎都是透過降低肌體生理反應來控制壓力感受，有趣的是，另一種抒解壓力的有效方法是提高肌體的活動水平——運動。研究發現經常運動的人心跳較慢、血壓較低、呼吸也較平和，而這些都是對壓力最敏感的生理反應。另外，運動還能使人感覺到控制自己的身體，並獲得成就感，運動也能使人們暫時逃脫有壓力的生活情境，對睡眠也有幫助。

2. 開口求助不可恥

第二類的壓力抒解方法便是尋找社會支持。所謂社會支持，簡言之就是人與人之間的互助和關愛。一個緊密的社會網絡，知道主管同事、親朋好友都關心自己，就能減輕壓力感，也能使人更有效的去因應壓力。在遭遇壓力時，可以從他人處得到的社會支持一般有三種。

- 具體的幫助：當工作壓力太大時，或許可以跟主管理性溝通，設定現實合理的目標；或請求父母、公婆幫

忙照顧孩子，留出更多時間和心力應付工作挑戰。

- 情感的支持：在職場上遭遇人際挫折時，你的好友帶你去咖啡館小敘，讓你覺得自己依然是有能力、有自尊、受人喜愛的，也許就能鼓起勇氣重新面對壓力。同事友誼可有極大的抗壓效果，有時甚至比主管更重要，故下班後的聯誼餐敘絕不只是吃吃飯、唱唱歌，而是增強職場上的橫向連結，創造社會資本。
- 資訊的幫助：在工作上遇到瓶頸，主管或資深同事的指點，提供經驗和訣竅，猶如雪中送炭。

總之，社會支持雖不能完全消除壓力，卻能增加因應壓力的能力。

3. 換個角度，再見藍天

第三類壓力抒解技巧是「重新評估壓力事件」。我們都知道，在現代生活中要完全避免壓力是不可能的，然而，壓力的感覺在很大程度上取決於個人的認知，同樣一件事情，對有些人可能是機遇、挑戰，對另一些人則成了壓力和負擔。因此，改變對某些事件的成見，重新評估整個情境，尋找新的含意、積極的後果，就能增加對抗壓力的信心及意義感。

譬如，被裁員對多數人來說是一個嚴重的壓力事件，但如果摒棄傳統價值觀念，把離職看成是一段不快樂、沒有前途的工作關係終結，當作是一個尋找新的、更令人滿意的生涯發展機會，壓力感自然會減輕，用這種積極進取的態度面

對日後的人生，也會大大增加成功與幸福的可能性。

假如你感覺工作超過負荷，整天疲於奔命，還是不能做完你要做的事，那麼，你也應該改變自己的行為，學習一種更有效的方法安排時間，學會把某些工作委託給下屬去做，將必須做的事情排出先後順序等。總之，最關鍵的是你要能夠控制整個情境，要始終保持冷靜、有條不紊，壓力才不會壓倒你。

最後，現代人的生活往往充滿了無力感，此時「知識就是力量」；愈了解面臨的事件，壓力感就愈小。假如公司引進新的資訊系統，讓你惶恐不安，與其浪費心力焦慮緊張，不如投入時間和心力去了解這項新系統，就會覺得再新的科技不過是工具而已，你還是可以學習、控制、進而有效利用它，此時心理上的恐懼和壓力自然就減輕不少。

四、建立優良「雇主品牌」

隨著聯合國借政府之力導入「永續發展目標」，並將「促進包容且永續的經濟成長，達到全面且有生產力的就業，讓每一個人都有一份好工作」列為目標 8，先進國家的各層政府，從中央到地方，紛紛以 CSR 等社會性指標軟硬兼施的規範、誘導企業改善就業條件、保障員工福祉，這股主流價值對企業營運的強力主導，不僅限於公部門的介入，資本市場亦跟進。1999 年道瓊指數與資產管理公司 RobecoSAM（Sustainable Asset Management）聯盟推出「道瓊永續指數」

（Dow Jones Sustainability Indices，DJSI），開了資本市場投資轉向的第一槍。

　　DJSI 是最早也是被沿用最久、最廣泛的評量公開上市企業永續表現的指標，已成為各大投資公司及投資人選擇永續標的之關鍵參考。DJSI 直接連結各項永續目標，從「經濟、環境、社會」（economic, environmental and social dimensions）三大面向分析企業的表現，評估指標包含公司治理、風險管理、品牌形象、氣候衝擊、供應鏈標準及勞動實務。DJSI 對企業最直接的影響，便是投資人應拒絕違反永續價值及倫理規範的公司。

　　借力私部門的資本市場運作來推動永續目標已是國際主流趨勢，不只是 DJSI 嚴格甄選企業，國家投資基金如 Norwegian Sovereign Wealth Fund 更直接用 SDGs 來選擇及淘汰投資公司，私人資產管理公司（如 LGIM）也以「環境、社會、治理」（Environmental, Social and Governance, ESG）三大面向來選擇投資標的，並介入輔導企業改善在 ESG 上的表現，甚至遊說政府立法納入主流。

　　公、私部門兩方壓力都迫使以追求發展，尤其「國際化」為核心策略的企業，必須在常規的 CSR 報告外，有更多對外（環境、社會），及對內（治理、員工）的作為及表現，始能在資本市場上保有一席之地。認真面對員工壓力與福祉的問題，由組織發起、導入各種方案，確保所有員工身體、心理健康，都有助企業建立優良的「雇主品牌」，在政府評鑑與資本市場上立於優勢，亦在全球人才大戰中以留人留心的上

上策勝出。

西方企業推動已久的員工協助方案（Employee Assistance Programs, EAPs）便是一種勞動實務（labor practices）的範例，下文將之具體落實到當今企業普遍面對的挑戰——工作生活平衡的脈絡，來展開組織可以怎麼做。

工作家庭平衡（現擴大稱之工作生活平衡）措施的推動，主要起因於社會的人口結構變化，即大量女性投入勞動市場、人口老化、生育率降低、人力短缺、人才競爭等。近年新世代投入職場，更帶來社會價值變遷的效應，即年輕員工不再將工作視為最重要的人生價值，轉而追求多樣的人生體驗與滿足，迫使企業重新省思「理想員工一切應以工作為優先而無條件投入」的要求，真正面對員工平衡工作與生活的需求，以求吸引、留任、發展人才，穩定永續經營的根基。各大國際組織都不斷倡議會員國需協助父母在工作與家庭間取得平衡，營造兼顧家庭與工作的「友善家庭的工作環境」（Family-Friendly Workplaces）。

根據世界經濟合作發展組織（Organization for Economic Co-operation and Development, 簡稱 OECD）定義，「家庭友善政策」是以促進適合家庭資源與幼兒發展的方式，協助父母調和工作與家庭生活的政策，增加父母在工作與照護上的選擇，提升就業機會上的性別平等，包含所有增加家庭資源（所得、服務及照顧時間）及父母勞動市場參與的措施。

OECD 推動友善家庭與職場之目的，即為提高生育率、提升女性就業、減少兒童貧窮、建立兒童照顧政策以及性別

平等，倡議兩性共同分擔工作與家庭責任，將工作與家庭平衡視為促進性別平等的重要議題，改變「男主外，女主內」的性別分工與角色態度，明確的直接連結到多項永續目標（陸洛、張婷婷，2017）。OECD 將企業內友善家庭的支持方案分為四大項目，如圖表 10-4 所示：

圖表10-4　企業「友善家庭方案」類別

友善家庭方案	內容
基於家庭因素的休假	• 臨時休假（家庭突發問題），如：給薪特別休假、無給薪特別休假、病假、遲到。 • 產假延長（超過法定）、有給薪或無給薪的陪產假、有給薪或無給薪的育嬰假。 • 留職停薪、照顧年長親屬假、延長休假。
基於家庭因素變更工作安排	• 減少全職員工工作天數、彈性工時。 • 短期契約工、部分工時、長期性臨時工。 • 工作分享。 • 在家工作。
兒童與老人照顧的實質協助	• 工作場所附設、委託特約托兒或養老服務。 • 托兒補助、照顧年長親屬補助。 • 假期兒童照顧（如營隊活動）。 • 工作場所推動哺育母乳。 • 組織內支持團體。
相關資訊與訓練的提供	• 產假工資與產假資訊的提供。 • 主動告知相關福利政策，並鼓勵員工使用。 • 額外的支持性資訊（如提供本地區托兒資訊）。 • 產假期間、留職停薪期間的聯繫。 • 復工的相關訓練與課程。
其他	• 工作與家庭平衡相關訓練（如家庭婚姻研習營、讀書會）。 • 女性哺乳時間。

由圖表 10-4 可見,西方企業推動的友善家庭支持方案相當多元,且在政府規範與市場競爭機制下,實施工作生活平衡措施的企業也相當普遍,唯禁得起嚴謹學術有效性檢驗的方案並不多,如在降低員工職家衝突或提高組織承諾上的效果(Beauregard & Henry, 2009)[19],這樣的窘境在廣義的組織干預方案中都存在(Holman et al., 2018)[同18]。

故此,學者從難得的成功個案中總結出「四階段方案導入模式」(4-stage implementation model)為最佳實務,這四階段包括準備(preparation)、盤點(screening)、規劃(action planning)、實施(implementation),分述如下。

(一)準備階段

檢視推動任何方案的必要性,考量員工需求、組織願景、法令規範及市場競爭等層面,確保方案與組織目標及核心策略一致,確保組織內的支持,包括主管支持及員工參與。

❶ 員工需求

可由員工背景、工作型態、員工調查及緊急突發事件紀錄等面向加以發掘,真正了解員工的關鍵需求,避免資源浪費,也確保員工參與。

❷ 組織願景

可由企業核心價值、使命、高階主管理念及企業承諾出發,作為推動各項方案的依據,雇主品牌精神具體化。

❸ 法令規範

檢視政府現行法規及企業法遵,特別是進入新市場時,

當地的勞動條件及各項政策規範，如《勞動基準法》、《性別工作平等法》、《職業安全衛生法》等基本底線，還有社會主流價值與道德趨勢，如：歐盟國家的《良好工作公約》（Decent work agenda）、《禁止現代奴隸法》（Modern Slavery Law）等。

❹ 市場競爭

營造正向支持的職場環境，創造良好的企業形象，投資發展人力資源，是企業延攬並留住優秀人才的重要策略。推動方案可保持與同業的競爭優勢，或爭取政府獎勵與補助，提升對優秀人才的吸引力。

（二）盤點階段

在確認方案的必要性並獲得內部共識後，透過聚焦的評量，如內部調查、訪談、焦點團體、現場勘視，具體訂出待改善的目標，接續執行企業內、外相關資源的盤點。

- 進行目標與現況的落差分析。
- 檢視企業內外部資源，企業內部資源如經費、人力、場地、時間、經驗；外部資源如政府、民間非營利組織、合作廠商、專業顧問資源等。

（三）規劃階段

確定目標並彙整資源後，接著進行執行計畫的擬定。

❶ 計畫要項

依評估的需求、目標及資源，明訂計畫依據、現況分

析、推動計畫的人事時地物、推行的步驟與時間軸、需配合
的單位、可能遇到的困難及因應方式、需投入的資源、成本
效益與評估指標，包括量化的 KPI 與質化的衝擊效應
（impact）。

❷ 計畫原則

先以零或低成本項目開始，利用現有的硬、軟體推展，
盡量減少額外投資；或從小範圍「試點」計畫開始，待效益
展現後，以成本效益分析報告為基礎，再提第二階段的擴大
方案及評估指標。循序漸進展現方案的優勢，有利爭取高階
主管支持、鼓勵更廣泛的員工參與。

（三）實施階段

任何方案的推動都要靠持續的行銷宣導，配合跟進效益
評估。

❶ 行銷宣導

行銷宣導是讓全體員工接受新方案的關鍵，建議如下：

- 整合宣導：善用企業內的多元管道，如網站、電子郵
  件、內部網路、社群媒體、社團組織、實體布告欄、
  海報文宣小品，以及各種場合，如新人訓練、例會報
  告、主管會報、員工座談，進行宣傳。
- 制度化措施：納入企業規則、員工手冊，讓主管和員
  工了解可供使用的相關方案。
- 主管背書：爭取高層主管及跨部門的支持，邀請高階
  主管擔任方案重點活動的代言人，增加主管在方案推

動中的能見度。

- 活動宣導：邀請員工擔任活動宣傳，參與宣傳製作、拍攝分享影片，提升參與感與宣傳效果。

❷ 成效檢視

任何計畫最後都必須進行成效檢視，計畫擬定時訂定的計畫評估指標應確實檢視，始能維持公信與持續支持，成效檢視可由以下面向進行：

- 質化、量化測量：量化測量包括：參與人數、服務使用率、滿意度、員工調查；質化測量如：主管及員工的回饋、感人事例。
- 具體問題解決：相較方案實施前的基準，關鍵指標的達成、問題的改善程度。
- 組織整體成效：如離職率、缺勤率、留任率、請假、加班、健檢、績效產值、創新提案率、員工滿意度提升、企業評比獲獎、媒體報導等。

五、職場健康與永續管理的新挑戰

順應全球政經趨勢，職場健康與工作壓力的研究與實務歷經數十年發展，跨越世紀，已從降低壓力進化為促進健康，從職場安全進階為提升福祉，從聚焦良好工作體驗擴大到增進全面生活品質，從基本法遵提高到企業倫理，創造員工的幸福職場，厚植企業的永續根基，依然是職場健康管理的新挑戰。

隨著現代人平均壽命延長，退休後可用資源不足，盡可能長的留在職場上，如漸進式退休、高齡創業、職涯第二春等多元就業型態，已是一種清晰可辨的趨勢。如何讓工作品質提升、生活幸福提升、有效生涯年限拉長，都是較以往更迫切的需求，這也是所謂的「健康人生運動」（Healthy People）的目標，亦是職場健康管理的終極目標——創造「健康的職場」（Healthy Workplace）：

- 充分發揮每一位員工的潛能，讓工作成為自我實現的手段。

- 追求組織的卓越成效，將員工的才能、努力和快樂，轉化為企業與組織的成長和永續經營。

- 追求高度的工作滿足，讓工作從生計轉化為生涯，創造和滋養「為工作而工作」的內在動機，再以高度的工作滿足感維持、延續這樣的內在動機和自發性的工作投入，創造出良性的工作成就感與工作表現的良性循環。

- 創造幸福人生，工作是彰顯人生價值，當「為生活而工作」昇華到「為工作而生活」，同時又能將工作成就與家庭經營、社會責任、靈性修養有機的統合協調，則人生圓滿指日可待。

　　當今學者關注的工作壓力、職家互動、多元生涯、人才發展、組織變革等諸多議題，多是回應社會發展的迫切問題，未來世界政經發展的重要趨勢，值得我們關注：

- 區域性、文化性的差異：每個地區的政治、經濟、市

場、勞動力特色不同，每個文化的價值、規範、追求也不同，在全球化經濟結構中，企業的職場健康管理措施必須反映這些特色，才會滿足當地員工的需求與價值，對當地社會產生實質性的正面影響。

- 建立最佳實務：工作壓力的理論與研究已有豐碩成果，但實際的壓力管理方案研究仍相當缺乏。如今最重要的是以學理知識為基礎，設計出切實有效的組織介入方案，實際導入職場實施，並嚴格評估其成效，逐步建立實務上的案例庫。

- 工作生活平衡：在當今社會中，職場已不是一個孤立的角色場域，工作與家庭的交互影響，乃至大社會環境對職場的滲透，組織都必須更深入的關注[同11]。企業在追求利潤之外的每一個作為，都是對人才的投資，而人才正是企業經營的基石。

- 多元平等的職場：隨著經濟結構蛻變、景氣循環、全球競爭及組織重整，勞動市場已發生了明顯改變（如短期聘雇、工作外包、自由工作等），職場健康管理應關注這些新現象，尤其是處在勞動市場中弱勢位置的工作者的福祉，確保「多元與平等」（diversity and equality）的工作體驗。

迢迢長路，始於足下，努力的開始是希望的誕生，努力的持續終將讓「幸福職場，永續企業」成為現實！

參考文獻

1. 陸洛、吳欣蓓、樊學良（2017）:《當我們同在一起:建構從認同到合作之團隊》(新世代人力資源管理之挑戰與契機系列套書)。台北:前程文化。

2. 陸洛、吳欣蓓（2017）:《當地球變小、變平、變熱──企業全球化與外派生涯管理》(新世代人力資源管理之挑戰與契機系列套書)。台北:前程文化。

3. 陸洛、張婷婷（2017）:《當女性走進職場,男性回歸家庭──追求工作生活平衡與多贏》(新世代人力資源管理之挑戰與契機系列套書)。台北:前程文化。

4. 高鳳霞、鄭伯壎（2014）:〈職場工作壓力:回顧與展望〉。《人力資源管理學報》,14 卷 1 期,77-101。

5. 陸洛（1997）:〈工作壓力之歷程:理論與研究的對話〉。《中華心理衛生學刊》,10 卷,19-51。

6. Cooper, C. L., & Leiter, M.(Eds.) (2017). *Routledge Companion to Wellbeing at Work.* London, UK: Routledge.

7. Lazarus, R. S., & Folkman, S. (1984). *Stress, appraisal and coping.* New York: Springer Publishing.

8. French, J. R. P. Jr., Caplan, R. D., & Van Harrison, R. (1982). *The mechanism of job stress and strain.* Chichester, UK: John Wiley & Sons.

9. Chang, K. C., & Lu, L. (2007). Characteristics of organizational culture, stressors and well-being: The case of Taiwanese organizations. *Journal of Managerial Psychology,* 22, 549-568.

10. Gubler, M., Arnold, J., & Coombs, C. (2014). Reassessing the protean career concept: Empirical findings, conceptual components, and measurement. *Journal of Organizational Behavior, 35(S1),* S23-S40.

11. Demerouti, E., Bakker, A. B., & Bulters, A. J. (2004). The loss spiral of work pressure, work–home interference and exhaustion: Reciprocal relations in a three-wave study. *Journal of Vocational Behavior, 64(1),* 131-149.

12. Li, J., Leineweber, C., Nyberg, A., & Siegrist, J. (2019). Cost, gain, and health: Theoretical clarification and psychometric validation of a work stress model with data from two national studies. *Journal of Occupational and Environmental Medicine, 61(11),* 898-904.

13. 陸洛、李惠美、謝天渝（2005）:〈牙醫師職業壓力與身心健康及職業倦怠之關係:以高雄市牙醫師為例〉。《應用心理研究》,27 期,59-80。

14. Cavanaugh, M. A., Boswell, W. R., Roehling, M. V., & Boudreau, J. W. (2000). An empirical examination of self-reported work stress among U.S. managers. *Journal of Applied Psychology, 85(1),* 65-74.

15. Gerhart, B., & Fang, M. (2015). Pay, intrinsic motivation, extrinsic motivation, performance, and creativity in the workplace: Revisiting long-held beliefs. *Annual*

Review of Organizational Psychology and Organizational Behavior, 2(1), 489-521.

16. Williams, S., & Cooper, C. L. (1996). *Occupational stress indicator: Version 2.* Harrogate, UK: RAD Ltd.

17. 高旭繁、陸洛（2011）：〈工作壓力及其後果的組群差異：以 OSI 模式為理論基礎之大樣本分析〉。《臺大管理論叢》。21 卷，未定。

18. Holman, D., Johnson, S., & O'Connor, E. (2018). Stress management interventions: Improving subjective psychological well-being in the workplace. In E. Diener, S. Oishi, & L. Tay (Eds.), *Handbook of well-being*. Salt Lake City, UT: DEF Publishers.

19. Beauregard, T. A., & Henry, L. C. (2009). Making the link between work-life balance practices and organizational performance. *Human Resource Management Review, 19(1)*, 9-22.

第11課

新一代人力資源科技的發展與應用

職場（移動）物聯網、巨量資料分析、沉浸式體驗、社交與協作平台、自然語言與影音處理及識別、雲端化共享服務等技術相互間的組合運用，不僅牽動人力資源服務產業的發展方向，更能提升員工工作績效，同時協助企業吸引及留住人才。

- 職場（移動）物聯網
- 巨量資料分析
- 虛擬沉浸式體驗
- 社交與協作平台
- 自然語言與影音處理／識別
- 雲端化共享服務
- 結語

▼

鄭晉昌

現任國立中央大學人力資源管理研究所教授，美國伊利諾大學教育心理系認知與電腦學門博士，專長在人力資源 e 化管理、人力資源數據分析、e learning、領導與管理發展、人才管理、績效管理、員工體驗管理。

曾任美國德州西南研究中心資料與模擬系統部研究員、淡江大學教資系副教授、中央大學人力資源管理研究所副教授、教授、所長、SAP 系統 HR 模組國際授證顧問，國際教練聯合會（International Coach Federation）企業教練認證。曾擔任中華人力資源管理協會理事、監事及中華生涯規畫交流協會理事長，並主持兩岸三地 50 餘家上市櫃企業人力資源專案計畫之執行。

與其他學者及人力資源實務界人士合著有《高科技人力資源管理》、《人力資源管理 12 堂課》、《人力資源 e 化管理》、《人才管理大戰略》、《企業資源規劃導論》及《商業智慧與大數據分析》等書。

企業組織中員工管理的觀念隨著產業與勞動環境的變化，而有不同的管理模式。18 世紀工廠組織為因應大規模的生產活動，開始注重部門間的協作，引發人類對於組織效能的重視，誕生了「科學管理」的思想，為 20 世紀人力資源管理概念的先河。

　　到了 1980 年代，隨著管理學術的發展，更進一步將員工管理分化成選、用、育、留幾個區塊，各有其複雜的管理概念，讓企業組織人力資源管理技術朝向更科學化與專業化的方向發展。接著「人力資本」觀念興起，促使企業組織更加重視員工教育訓練、職涯發展與績效改善，大量投入資源提升、開發員工的知識與技能。

　　1990 年代，大型組織開啟了「人力資源管理三支柱」的管理架構，人力資源成為組織重要的策略重點，人力資源管理不再是純粹的員工管理或服務，而是以更高的視野，從企業組織能力的角度出發，讓人力資源可以展現更高的策略價值，使得人力資源事業伙伴（HRBP）與人才管理（Talent Management）等策略性人力資源管理的議題應運而生。

　　上述這些員工管理思維的發展與變革，多基於管理學術自身，而新一代的企業人力資源管理模式，如同新興智能製造技術與金融科技對產業發展造成的衝擊一樣，幾個關鍵資通訊科技的發展，包括職場（移動）物聯網、巨量資料分析、沉浸式體驗、社交與協作平台、自然語言與影音處理及識別、雲端化共享服務等，這些技術相互間的組合運用，不僅牽動人力資源服務產業的發展方向，更進一步開啟敏捷式

人力資源（Agile HR）的管理模式，高效化員工體驗，不但能提升員工投入感，展現更高的工作績效，同時能協助企業吸引及留住人才。

體驗價值涉及科技是否能為企業員工帶來方便、讓員工更能擁有自主權，以及使用場景能否帶來愉悅感等，是當今許多人力資源變革轉型的關鍵因素。員工體驗的價值也會隨著人力資源管理與科技的結合而增加，新科技可為傳統一成不變的管理流程，轉為按照員工需求進行靈活變更，可以立即滿足及解決員工管理所發生的問題。新科技也可透過結合現有企業人力資源管理措施和流程，讓員工自主選擇需要的服務，讓人力資源管理者運用更高效的方式，解決管理中出現的問題，圖表11-1說明新興科技如何帶動高效的員工體驗。

圖表11-1　新興科技帶動高效員工體驗

項目	新興人力資源科技	員工體驗內容
員工自主	實現全方位的自助服務	享受更大的控制權與便利性
個人化	提供個人適性化的服務	更高的客製化、情景化服務，注重美學或視覺的傳達
一觸即達	即時交付服務，或透過智慧終端裝置、可穿戴式設備，隨時隨地體驗服務	提升相關度，體驗即時性
流程精簡	提高流程簡化程度，提升效率	消除人力資源業務流程中的滯留或瓶頸
自動化	利用數據分析及機器學習，實現低成本的流程自動化	節省時間，提高業務執行的品質與效率

敏捷式人力資源管理模式結合新興人力資源科技，讓企業員工管理藉由高效化的員工體驗，促使工作行為更能展現以下 4 項特性：靈活（Adaptability）、創新（Innovation）、協作（Collaboration）及速度（Speed），以因應職場內外在環境的變化，達成敏捷式組織（Agile Organization）管理的目的，本文後續將針對這些新興人力資源科技的發展與應用逐一說明。

一、職場（移動）物聯網

　　物聯網即萬物相連的互聯網，是在互聯網基礎上延伸和擴展的網路，將各種實體的資訊傳感設備與虛擬的互聯網結合起來，形成一個巨大的網路，可以在任何時間、任何地點，進行人、機、物的互聯相通。物聯網的感測器可以將採集的資訊，透過網路傳輸匯集至資料庫，其資料量龐大，可用於監控、管理、改善辦公室設施，以促使員工展現更高效的工作行為。

　　智能辦公室（smart office）的所有規劃與建設都是從科技開始，主要用來改善辦公室的整體工作環境和能源使用效益，以下為智能辦公室能夠實現的主要效益：

- 更節省能源使用。
- 更好的保安效率。
- 工作環境更舒適。
- 善用空間。

- 更先進的辦公室設計。
- 提升企業數據及資料使用的價值。

辦公室的感測器和執行裝置，可以使工作環境更加舒適，辦公室溫度可以依據天氣狀況自行調整，燈光亮度可以根據一天的時間自行變化，透過監測和警示系統可以避免災害事故；在不需要時，辦公室可以自動關閉電氣設備以節省能源。另外，自動化節能系統可以透過感測外部能源供應的狀況，以及透過辦公室內每個電器裝置的需求，來確定全天的電力消耗成本。

物聯網可以即時並動態的監測工作場所的顧客流量，且當顧客流量與工作人員不適配時，系統自動提醒管理人員，管理者可以採取適當的因應措施，及時調整勞動力的配置，建立更有效率、更令人滿意的工作場所；職場物聯網系統可以識別每天進入辦公場所人員的身分資訊，確認是否為公司員工；透過位置追蹤器，物聯網系統可以追蹤高風險人員的行蹤，可應用於職場安全管理。

職場中的物聯網系統可以蒐集、累積大量的員工相關資料，協助管理者制定合理的管理決策，借助物聯網，企業可以透過各種感應設備，即時獲取員工體驗相關資料，讓人力資源單位即時洞察、改善或優化職場環境。

一家由麻省理工學院畢業生創辦的公司 Humanyze 所推出的「智慧識別證」，嵌入了麥克風、藍牙感測器、紅外掃描器、加速計等多種感測裝置，可以即時捕捉、蒐集語音、體態、動作高達 40 多種資訊，所獲得的大數據再與績效資料等

彙總分析，可以協助洞察員工工作行為，讓公司有效安排員工互動的場所及會議室。辦公家具公司 Steelcase 也透過辦公場所的建築物和家具中嵌入感測器，來蒐集各種資料，協助企業了解及掌握員工工作與同事互動的情況。

Deloitte Canada 曾招募公司內一群志願者，讓志願者配戴智慧識別證，用來測量位置、聲音和運動，例如監測「誰在開會？」、「哪幾個員工在一起？待了多長時間？」等與員工工作效率有關的因素，以評估員工在哪些方面是積極的，哪些方面是消極的。研究發現，與單獨工作相比，團隊合作具有更好的體驗和生產力，擁有更多窗戶和光線的辦公室比封閉和私密的空間，更讓員工感到快樂；大型會議室比小型會議室讓團隊工作更有效率：員工更喜歡在較小的群體中工作等，根據這些研究結果，Deloitte Canada 替員工重新設計了工作方式與工作場所。

如果組織不能在平時蒐集大量高品質的工作資料，進行有效分析，就不可能做出客觀評估和精準判斷。透過職場物聯網的新一代數位感知技術，可以協助蒐集組織內員工行為和環境資訊，進行有效管理。以往很多組織透過上級主管與員工定期會面溝通，聽取員工意見，但因為擔心自己的觀點與主管相悖，員工通常難以坦率回饋，組織也難以獲取真實有效的資訊，現在工作場所中各種資訊採集設備、感測器、團隊協作軟體系統等，可以在很自然的情境下，提供大量的資料來源，協助組織了解員工的工作行為和工作方式等真實狀況。

日常使用的智慧型手機，也可成為職場管理的利器。不管在任何時間、任何位置，員工可以透過智慧型手機查閱個人工作相關資訊，有效規劃自己的工作，並且透過系統了解工作團隊的資料與分析數據，比對後可以發現自身工作表現的落差，從而產生改進與優化的驅動力。透過物聯網，員工還可以與客戶建立更深層的協作關係，從而提升組織的效率。智慧型手機可以提供員工一種靈活便捷的工作方式，是未來職場物聯網最重要的介面。

二、巨量資料分析

2011 年，HP 內部兩位印度籍的資訊工程師，利用近 2 年公司內部員工的資料，如薪資水準、加薪狀況、工作評價、調職情況等，成功預測哪些員工可能會離職，通常薪水愈高、加薪愈多、績效評級愈高，員工愈不可能離職，這些因素成為降低離職風險的驅動因素。

預測人員從每個員工的資料著手，分析員工離職模式，得出每個員工的「離職風險分數」，進而預測出哪些因素組合的員工類型最有可能引發離職。公司利用預測結果，協助主管進行決策，留住企業中有價值的員工。透過離職風險模型，讓 HP 避免因遍及全球各地員工頻繁離職，造成生產力損失，降低了大批人員增補的作業，該模型幫 HP 省下將近 3 億美元的人事費用。

巨量資料分析技術是指從經驗和資料中學習，透過演算

法建立模型以預測員工行為,並做出最佳決策的一種技術,包括資料採礦、資料建模、機器學習、人工智慧和深度學習演算法等,預測模型的建立可應用於任何類型的未知事件,無論是過去、現在還是未來。預測分析技術的核心,依賴於找出過去事件中解釋變數與預測變數間的關係,並利用它們預測未知。當然,資料分析結果的準確性和可用性,很大程度上取決於分析技術的水準和假設的品質。

預測分析可以為人力資源管理帶來前所未有的精確性和準確性,借助巨量人事資料和演算法建立預測模型,可以更精確的預測員工績效、晉升的可能性、員工離職、公司人才短缺等,協助企業留住高價值員工;還可以透過預測發現高風險的應徵者,降低雇用風險,如此可以讓企業人事雇用決策由被動轉為主動,提升企業更佳的決策效益。

在人力資源管理中,預測分析模型的建構和自動化決策,是利用最先進的演算法技術,徹底改變人力資源和業務主管使用人為資料處理的方式,預測分析不僅為組織領導者提供決策支援,也讓自動化決策程式提供了協助決策的切入點,能夠讓人力資源單位不再陷於過去重複回應常見問題的困擾中,這在人力資源的招募、入職、離職、績效管理等方面都能展現其效能。

例如在招聘階段,IBM 公司的 Watson Candidate Assistant 可以將面試問題完全自動化,根據候選人的智力、性格、專業技能、教育程度,運用結構化訪談來預測應徵者工作績效、工作行為傾向、未來可能的工作投入感等,協助組織找

到最合適的應徵者，降低雇用新人時可能的取才偏見；在入職階段，IBM Watson Talent 人才解決方案中的 On Boarding 應用程式，會提前自動告知新入職員工需要完成的手續，人力資源管理單位只需要透過電子方式蒐集員工檔案，協助員工快速入職。

另外，系統可以在績效管理的動態流程中，透過業務目標，來追蹤、衡量、分析員工在不同階段的績效表現；透過預測分析，組織可以預測員工的行為及其對組織績效的影響，也可以在短時間內識別高離職風險的員工。自動化決策程式基於這些高離職風險的員工資料，引導組織提前做好相關準備和因應方案，防止員工流失；在訓練發展方面，透過預測分析，人力資源管理者可以協助組織預測人才技能短缺的狀況，識別組織內部的員工潛力，制定有助於組織發展的員工培訓計畫。

三、虛擬沉浸式體驗

一般說來，運用數位科技模擬實境的技術可歸類為 3 項：虛擬實境（Virtual Reality，VR）是利用電腦模擬產生 3D 虛擬環境，能夠影響使用者視覺、聽覺、觸覺等感官系統對於情境的知覺接收，讓使用者有如身臨其境一般。擴增實境（Augmented Reality, AR）是將部分虛擬資訊應用到真實的世界裡，利用模擬技術，將真實的環境和虛擬的物件無縫接軌的重疊出現在同一個畫面或空間中。混合實境（Mix Reality，

MR）是指在虛擬環境中引入現實場景，在虛擬世界、現實世界各半的情境下，和使用者間構建一個相互回應的訊息迴路，以強化使用者體驗的真實感。這 3 項新興科技皆能提供使用者沉浸式體驗，涵括以下 3 大特徵：

- 互動性：透過逼真的虛擬情境，使用者能夠親自操作虛擬環境中的物件，並且操作的結果能夠反過來被使用者真實的知覺到。
- 臨場感：使用者感到置身在虛擬環境中的真實程度。
- 感知性：除一般電腦所具有的視覺感知之外，沉浸式體驗還兼具聽覺、觸覺、運動感知，甚至還包括味覺等其他感知。

由於虛擬實境、擴增實境與混合實境技術，具有強烈的臨場感和人機互動特性，為學習者提供了愉悅、認知突破、榮耀和連結等情感上的直接體驗，讓學習者可以在靈活生動且安全的虛擬工作或訓練情境中學習。

事實上，所有訓練活動都面臨著學員是否能夠投入（Engaged）的問題，有部分是與訓練內容是否能夠真切反應真實場景有關，如果受訓者缺乏完全投入學習，那麼不管訓練的主題是什麼，受訓者吸收訓練課程的可能性將會降低，沉浸式訓練技術可以協助解決這方面的問題。

有愈來愈多公司使用虛擬實境、擴增實境與混合實境技術，進行員工訓練與招募。這些技術已被證明可以成功的教授各式主題，例如複雜的飛航機師培訓、醫學手術、漢堡製作與處理危險化學品等。德國鐵路公司就將虛擬實境技術運

用在員工招募與訓練兩大方面，透過虛擬實境技術提供新進員工虛擬辦公室之旅，與 CEO 進行虛擬會面，诱過 VR 眼鏡，應徵者可以在虛擬環境中體驗未來工作職務的實際情況，了解其是否配適。

另外，公司也可以利用虛擬實境技術，讓內部員工體驗未來的工作環境，以便讓他們做好心理準備，通用汽車公司利用 Google Glass 訓練生產現場的操作工人，眼鏡中不僅模擬出真實的工作環境，還能夠在 Glass 的顯示幕上提供操作指示，而管理者可以在 Google Gadget 查閱即時操作情況，並適時給予回饋。

虛擬實境應用於企業訓練，不僅可以強化體驗感，更能取代高成本及高危險性的實境訓練。美國一家虛擬實境技術供應商 V360 Marine 提供了一套可供船舶產業進行完整訓練的虛擬實境系統，包括：

- 進入封閉空間的體驗訓練：透過這套虛擬實境的設備工具，可以強化場景的真實性，讓另一個遠端參與者感受到場景壓力，並增加場景的危險程度，可以強化受訓體驗，系統允許遠端監控以確保受訓船員依循安全操作完成工作任務。

- 高空吊機操作：使用虛擬實境技術對吊機操作人員進行遠端訓練，免除了前往訓練中心接受專門培訓的大量時間與人力成本。

- 消防訓練：由於可模擬各種複雜消防場景，可以客製化受訓者個人的訓練需求。

中國大陸位於深圳的一家高科技公司 Oglss 也推出工業用的擴增實境產品——智慧眼鏡 Realx 系列、工作輔助和訓練系統 PSS，用來提供具場景化和高體驗的訓練服務，該系統提供了即時指導、透明管理、個人教練、知識沉澱 4 大訓練模組，運用擴增實境技術針對工廠第一線工作人員，進行即時設備操作上的指導、教學和管理，大大降低實境訓練的成本。

除了上述訓練優勢外，虛擬實境訓練更帶來企業訓練觀念上的改變。企業訓練以往是以講師為中心，現在則以員工為中心；以往企業訓練關注訓練的執行，現在更關注實效；以前課程及學習內容以教室為主，現在逐步轉向教室之外，未來將會有愈來愈多學習活動以翻轉教室的型式發展。

全球最大的電梯公司 Thyssen Krupp 已經在企業內部安置了 Microsoft Hololens 設備，一個可穿戴並利用擴增實境技術的耳機，透過這個耳機進行訓練，讓公司高達兩千多名的技術人員無需親赴現場，就可以透過 3D 投影來學習查閱、拆卸和重新組裝最新的產品模型，在擴增實境技術場景中，他們可以修改原設計圖、體驗學習，並透過 Skype 與專家通話討論，與此同時，還能觀察了解產品模型的小零件。證據顯示，該設備讓該公司技術服務效率提升了 4 倍。

四、社交與協作平台

現今企業的工作任務多以團隊形式運作，許多公司已了解到團隊的重要性，但是企業內團隊成員之間高效的溝通協

作仍存在許多問題。Deloitte 一項調查研究顯示，被調查者中有 65% 受訪者認為組織從功能層級制到以團隊為中心、矩陣化工作模式的轉變，是重要或非常重要的，但僅有 7% 受訪者認為組織已經成功因應這一轉變，並且只有 6% 受訪者認為組織在跨功能團隊管理方面是非常有效的。

　　儘管敏捷式、團隊導向的軟體工具已經被廣泛使用，但在大型組織內，高績效團隊的運作仍非常困難，內部社交與協作系統的出現，為企業提供了一個解決方案。

　　內部社交和協作系統提供了一個平台，企業透過這個平台把外部社交網路的概念運用到企業組織中，讓企業內部員工能夠透過類似社交網路的運作方式進行工作管理，讓企業內部員工有機會展現高效、透明、便捷的溝通與協作，內部社交與協作平台具有員工間社交、團隊協作、移動作業 3 大特性。

　　員工間社交為組織成員提供了一個平等與開放的溝通空間。基於 SAAS 模式開發的企業社交網路，還能提供跨組織間的溝通互動。團隊協作指的是組織各部門可以依需求建立不同規模、性質和功能的群組，群組內的團隊成員透過平台進行溝通協作，確保工作順利完成。移動作業展現的是企業社交網路平台，不僅適用於 PC 端，還可以擴展到智慧手機、平板電腦等設備，讓企業內部溝通、互動無遠弗屆，強化組織成員對社交平台的黏著度。

　　IBM Connections 與 Microsoft Teams 皆為企業內部社交平台，提供組織內各業務社群，在專案管理、群組論壇、知識

百科等方面的社交化協同服務。另外 IBM Connections 也連結 IBM Workspace，為員工提供即時消息、檔案傳輸、影音溝通和線上會議等多種即時溝通服務，是一個能滿足員工個別需求，又具整合式的協同辦公平台。

企業社交與協同工作平台為員工提供全方位的功能、簡單且易於操作的協作服務，為企業帶來以下幾個面向的業務價值：

- 安全性：有效降低員工透過互聯網工具，進行溝通協作帶來的業務資訊外漏風險。
- 知識管理：將協作過程有效的進行知識沉澱，便於知識重複使用與分享。
- 用戶體驗：透過移動互聯網式的社交應用提升員工體驗，可提升員工的工作積極性和滿意度。
- 高端技術：IBM 協作解決方案能與 Watson 人工智能系統整合，為企業提供智能辦公服務。

Mckinsey & Company 全球研究所的一項研究發現，使用線上社交工具進行協作，員工生產力可提升 20% ～ 25%，傳統的社交網路，比如 WhatsApp、Line、WeChat 等，多注重個人和組織的線上即時互動，沒有顧及資訊流程的管理。

企業社交與協作平台可以將組織內部社交應用整合至客戶關係管理（CRM）或者辦公自動化（OA）系統中，資訊流程中的各個環節，都可以透過內部社交應用及時推送到相關人員的移動裝置上，確保組織成員可以在各個環節上順利溝通。另外，許多內部社交軟體還具備 API 介面，方便組織連

結其他相關的應用軟體，無疑可以豐富組織內部的社交協作生態圈。

五、自然語言與影音處理／識別

由於自然語言與影音處理／識別及機器學習技術的進展，讓智慧型系統（Intelligent System）及對話機器人（Chatbot）能夠理解部分人類的語音和口語，可以有效取代真人服務，對企業營運成本和使用者體驗造成影響。當這些系統導入企業內部各項人力資源作業時，可以協助人力資源專業人員更有效率的執行任務並提升工作效率。

1. 招募與入職管理

招募面談時，透過智慧型系統或對話機器人，招募者可以全面、迅速的蒐集應徵者詳細資訊，當應徵者詢問職缺及公司相關資訊時，智慧型系統或對話機器人可以直接與應徵者互動，同時自動將其與應徵者的對話資訊，提交給後端的招募管理系統或是背景調查平台，有助於消除招募初期，篩選應徵者時可能產生的人為偏見。

美商 Unilevel 公司就運用 Hirevue 系統上的自然語言處理與臉部識別技術來分析求職者面試時的反應時間、用詞、聲調、說話速度。陳述方式，肢體語言和整體表達能力，來辨識求職者對面試主題了解與熱情的程度。

新進人員入職報到時，智慧型系統或對話機器人可以協

助身分識別,並可進一步協助完成各項雇用作業,包括回答入職的常見問題,協助填答相關資料,降低人力資源部門工作負擔,可以提升新進人員入職作業的效率。

2. 滿意度／投入感調查

員工滿意度和投入感可以預估公司的經營績效,透過脈動調查(Pulse Survey)的方式進行不定期調查、蒐集與迅速分析並處理員工回饋,相較於傳統年度一次性的員工滿意度調查,更可以持續掌握與改善員工滿意度與投入感。

智慧型系統或對話機器人可以針對公司現況,透過不定時提出簡短的問題,取代長篇問卷,來獲取員工回饋資訊,一方面可以將調查作業自動化,提升效率與降低成本,另一方面,可以迅速、安全的獲取每一筆互動的原始資料,並將其傳遞至資料系統,馬上進行分析與統計,也有利於後續的資料檢索。

3. 考勤／門禁管理

手動處理員工請假申請和填補班次,通常是一項費力耗時的挑戰,許多員工厭惡以手動方式登錄人力資源系統,有時遺忘了系統密碼,必須向系統管理員申請重設,或者必須透過電子郵件申請。透過臉部辨識技術,智慧型系統或對話機器人可以快速的處理員工考勤及辦公室門禁管理,可準確辨認出造訪者是企業員工還是訪客,或者是未經授權進入的陌生人。

4. 回應常見詢問

重複回應相同的問題,可能讓人力資源管理單位的工作無趣,易造成工作倦怠,會降低人力資源的工作效率。然而,及時處理員工詢問可以證明公司方面關心員工,並願意花時間解決他們的問題與疑慮。在這樣矛盾的情況下,智慧型系統或對話機器人可以從現有知識庫,根據對詢問的問題類別進行分析比對,來回答常見問題。同時對話機器人可以與員工進行個人化、無偏見的互動,進一步提高員工滿意度並提升員工績效。

5. 年終績效回饋

智慧型系統或對話機器人可以透過蒐集、記錄員工和主管間平日持續、即時的互動資訊,協助主管能夠比以往用更快、更容易的基於事實的方式進行績效評估,並按需求或設定的時間表,讓雙方共用這些資訊來討論員工的績效表現,以改進傳統一次性年終績效回饋的方式。

目前智慧型系統或對話機器人尚不能完全取代人工作業,當互聯網會話平台開始進入日常工作與生活時,人工諮詢與智慧型系統各有其優勢與局限。從使用者角度來看,智慧型系統和人工作業產生截然不同的員工體驗,人工作業能夠快速處理員工的複雜需求,並提供有效建議。反之,智慧型系統可能只會解決預設問題,卻無法處理員工個人化問題,較易造成員工不良體驗,但是可以迅速回應並節省大量的時間。

6. 情感計算與識別

　　情感計算（Affective Computing）是涉及電腦科學、心理學和認知科學等跨領域的資訊技術，旨在研發能夠識別、解釋、處理、類比人類情感的資訊系統。人們研究情感計算主要是為了能夠模擬同理心——機器能夠解釋人類的情緒狀態，做出相應的行為。

　　情感計算與識別技術具有解釋各種人類情緒狀態的能力，並使系統的行為適應人類，未來可作為系統與客戶或與員工建立關係上的運用，目前有不少企業試圖將情感計算與識別技術引入至人力資源管理活動中，以提升員工體驗。管理者可借之與虛擬實境、擴增實境技術相結合，用於製作遊戲和互動式應用系統，潛移默化地影響員工行為。

　　情感計算與識別技術的應用，需要借助各種周邊設備，採集使用者情感或行為資料，例如透過麥克風檢測、感知使用者聲音所表達的情緒狀態，或透過嵌入式臉部圖像識別功能的相機蒐集、分析臉部肌肉收縮、手和肩膀姿勢來判斷表情，或透過軟體測量辨識使用者在不同狀況下，聲音和音調中的情緒回應。情感計算技術能夠讓人力資源從業人員在識別員工身分、觀察員工情緒、改善員工體驗、提升員工投入感等方面進行管理。

　　現在的文本分析（Text Analysis）和自然語言處理（Natural Language Processing）技術，已經發展到可以即時感知員工情緒與滿意度，口語分析（Speech Analytics）正被應用

於「數字傾聽」和分析語言溝通中的問題與意見。語音分析公司 Cogito 所開發的產品，已經能夠根據對話中的語速、停頓、交談模式、噪音等語音特徵，來確定被分析的對象是否高興、憤怒、困惑或不滿，此技術還可以幫助員工改進溝通方式，並運用在離職面談等場景。

另外，加州大學 Paul Ekman 博士所開發的臉部動作編碼系統（Facial Action Coding System），已與新一代的人臉識別和數據分析技術結合，可以有效識別謊言，應用於面試等場景。

職缺與應徵者適配是人力資源招募單位重要的工作之一，但是透過人工搜索資料庫，進行人員履歷與職缺的適配非常費時且費力，目前有許多招募管理平台已經開始引進人工智慧技術，對候選人的簡歷進行智能篩選，並搭配對話機器人直接與候選人進行互動。

這些功能須依靠情感計算與識別技術來完成，IBM 便是利用人工智慧與求職者互動的最佳實例，目的是營造求職者個人特殊的工作應徵體驗。IBM 開發了一種運用人工情感智慧技術的人才供應解決方案，系統名叫 Watson Candidate Assistant（WCA），WCA 提升了應徵者與 IBM 的互動體驗，應徵者透過與對話機器人的即時互動，經歷一個十分個性化的求職流程。

當求職者和企業透過人工情感智慧解決方案，彼此可因此獲得對方豐富的資訊，進行較佳的媒合判斷，可大幅提升應徵者與職缺間的適配。

很多高科技公司正在運用情感計算及臉部識別技術,偵測臉部的細微表情,研發情緒識別及智慧管理方面的產品,可進一步提升員工在職場的工作體驗與投入程度,透過資訊系統記錄、管理,員工的整個職業生涯資料都可以被數位化記錄下來,建立「員工畫像」(Persona)。

個別員工從入職到離職的過程中,所有的重要事件都可以被追蹤及被數位化,包括員工的部分情緒也可以被識別記錄。針對員工畫像,如同電商運用客戶畫象的概念,企業可以針對個別員工實行個性化管理,例如企業實施多元與彈性福利政策時,可以針對有個人或家庭問題的員工,提供合理的援助方案。

同時,人力資源部門也可根據員工畫像及時預測員工行為,如職業瓶頸帶來的倦怠,甚至離職傾向,事先規劃進行相關行為的干預,如員工關懷、溝通面談等。在提升管理效率的同時,員工畫像概念的導入也可以充分考慮員工體驗,運用員工畫像精準了解員工情緒與行為,未來人力資源部門的決策會更加精確,提供能營造高效體驗的服務。

六、雲端化共享服務

雲端運算(Cloud Computing)簡單而言是一種經由網際網路,從遠端取用電腦運算資源的服務模式,以共享的方式使用雲端機房中的軟硬體資源和服務,與以前的分散式運算或 IDC 主機代管機房最大的差別是可以依運算所需計價,比

較不會有閒置資源浪費的情況。這樣的運作模式可以讓人力資源共享服務中心的實施更有效率，且節省成本。

　　人力資源共享服務中心（Shared Service Center）的模式，是將原來分散在組織內部的各業務單位，所進行的人力資源事務性或專業服務工作，從原業務單位抽離，成立專門的部門進行運作，為內部客戶提供一致、專業、標準化的高效服務，進而創造價值。

　　人力資源共享服務中心就是將企業內各業務單位，所有與人力資源管理有關的行政事務性工作，如招募、新人訓練、薪資核算與發放、福利保險、人事資訊服務管理、勞動契約管理等進行整合。近年來，一些先進企業開始不斷的將人工智慧、雲端計算、自動化等技術，應用於人力資源共享服務中心，使之轉型並逐漸趨向無人化。

　　人力資源服務智能化機器人的現身，對共享服務中心產生了極大的衝擊。首先，機器人流程自動化（Robotic Process Automation，RPA）是一項由程式自動處理資料的技術，可以整合到企業資訊技術平台當中，或透過雲端計算的方式，作為人力資源分享服務中心的入口，可以大幅降低服務成本和回應時間。

　　共享服務中心運用 RPA 和相關人工智慧技術，可以替換人力資源共享服務中心約 80% 涉及人工的作業，這些被取代的工作人員，可以重新部署到更具附加價值的工作，有助於推動及執行企業策略。在此同時，RPA 和 AI 將驅動人力資源服務流程改善或再造，使流程更迎合員工的需求，以高效化

員工體驗。據麻省理工學院的 Sloan Management Review 期刊的一項學術調查研究顯示，運用 RPA 取代簡單的人工例行性工作正快速成長，全球年度成長率約為 64%。

透過這個新功能的導入，公司在服務人員數量不變甚至縮減的前提下，卻擴大共享服務中心的服務效率，展現成本優化的價值。中國知名電商企業京東集團的人力資源共享服務中心，已率先運用人工智慧技術，成功協助人力資源共享服務中心轉型，智慧問答機器人 JIMI 的誕生，是京東人力資源共享服務中心一項具有代表性的創新實例。

JIMI 的建置憑藉京東商城智慧問答的大數據平台，其中的問答語言資料量必須高達 5 萬餘條才被允許上線使用。JIMI 上線，成功的完成 95% 答詢覆蓋率，而其 24 小時全方位無間斷的答詢服務，大大降低了熱線電話的人工成本。

雲端運算也結合人臉識別技術，廣泛應用在京東工作場所諸多場景中，包括入職管理、考勤打卡、會議簽到、食堂用餐等。

以新進員工入職流程為例，憑藉人臉識別技術，獲取員工臉部資料，配合員工以自助方式將身分證件與公安機構內部系統資料進行聯網配對，使員工入職可直接透過刷臉、刷身分證，完成入職手續，大大提升員工入職管理的效率。當員工成功完成入職資訊採集後，員工會從個人手機收到一條訊息，可按照所提供的資訊網址查閱勞動合同的內容，最後進行統一的電子簽名。京東的電子合同無紙化簽名，節省了入職時大量的紙質材料和員工簽署合同所需的時間、場地甚

至服務人力。

透過圖像掃描的技術，京東將所有員工的電子檔案進行上線，方便員工進行智慧調閱和查詢，同時利用京東現有倉儲技術，透過電子檔案條碼，可以定位每位員工紙本檔案的貨櫃號，方便提取。所有人事相關資料可讓員工 24 小時自助提領，透過簡訊發送至員工手機，資料提取時間由員工自由選擇。

面對企業業務快速發展及全球布局，相信對於人力資源管理服務交付能力，也會相對提出更多要求。許多全球化企業，類似京東的人力資源共享服務中心，已開始朝向無人化、一站式服務方向邁進。過去由於員工經常在不同地點工作，企業因此而無法提供即時的人力資源服務，雲端化共享服務的技術可以有效解決這個問題。相信未來人力資源共享服務中心的服務模式，將更朝自助服務及遠距集中服務的方向轉型。

七、結語

前面已將新興人力資源科技的發展與應用簡要式的說明，面對新興科技浪潮不可抵禦之勢，人力資源管理從業人員必需要能夠自我改變，踏出舒適區，重新檢視、調整，甚至重塑組織員工管理的方式，善用新興的科技工具，以掌握新一波人力資源管理變革的契機。

參考文獻

1. Bersin, J. & Mariani, J. & Monahan, K. (2016). Will IoT technology bring us the quantified employee: the internet of things in human resources.(https://www2.deloitte. com/us/en/insights/focus/internet-of-things/people-analytics-iot-human-resources. html)

2. Siegel, E. (2016). Predicitive analytics: the power to predict who will click, buy, lie or die. New Jersey: John Wiley & Sons, Inc..

3. Basumallick, C. (2019). Predictive analytics in HR what's next in 2019?", HR Technologist.(https://www.Hrtechnologist.Com/Author/Chiradeep-Basumallick/)

4. Hughes, A. (2019). 5 virtual reality training benefits HR managers should know. (https://elearningindustry.com/virtual-reality-training-benefits-hr-managers-know-5)

5. Byrne, W. & Knauss, D. (2017). Virtual and augumented reality can protect the American workforce. (https://Www.Fastcompany.Com/40484853/Virtual-And-Augmented-Reality-Can-Protect-The-American-Workforce)

6. Deloitte. (2019). 2019 Global Human Capital Trends Report. (https://www2.deloitte. com/content/dam/Deloitte/cz/Documents/human-capital/cz-hc-trends-reinvent-with-human-focus.pdfl)

7. Chui, M., Manyika, J., Bughin, J., Dobbs, R,, Roxburgh, C., Sarrazin, H., Sands, G,,&Westergren, M. (2012). The social economy: unlocking value and productivity through social technologies. Mckinsey Global Institute.(https://www.Mckinsey.Com/ Industries/Technology-Media-And-Telecommunications/Our-Insights/The-Social-Economy)

8. Ransbotham, S., Kiron, D., Gerbert, P. & Reeves, M. (2017). Reshaping business with artificial intelligence: closing the gap between ambition and action. MIT Sloan Management Review. (https://sloanreview.Mit.Edu/Projects/Reshaping-Business-With- Artificial-Intelligence/)

第12課

大數據在人力資源管理的應用

運用大數據分析協助人力資源管理決策是管理的趨勢，為因應此趨勢，人力資源管理人員除了需要具備專業知能外，也需具備大數據分析專案相關概念，以協助人力資源管理部門在「選育用留」時做出更良好的決策。

- 大數據分析與商業應用

- 確立分析議題

- 建立數據庫

- 數據彙整

- 數據分析與運用

- 大數據分析在人力資源管理的應用

- 人力資源管理人員的角色

- 大數據分析的法律考量

- 結語

▼

胡昌亞

美國喬治亞大學工業與組織心理學博士，現任國立政治大學企業管理學系特聘教授。曾任人力資源管理學報主編、一零四資訊科技股份有限公司獨立董事與薪資委員會委員。研究與教學專長包括：組織行為、數量研究方法、員工滿意度調查與師徒制度等議題。

一、大數據分析與商業應用

大數據（big data，又稱為巨量資料）一詞在 1990 年代即出現在統計相關領域中，但因電腦科技與儲存技術的限制，當時並未獲得學界與業界的重視。自 2010 年起，因為電腦與資訊科技大幅進展，軟硬體已經能負荷大數據分析所需要的資源與儲存空間，使得大數據和數據分析（analytics）的概念與方法更臻成熟，日益受到學界與業界重視。

大數據分析的成熟有其時代脈絡，包括 2000 年初期，亞馬遜、臉書、Google 等社群、搜尋引擎與電商網站等開始蓬勃發展，讓網路使用行為成為重要的人類行為。此外，雲端計算與儲存科技的進步，以及智慧型手機普及，使網路公司可快速逐一記錄人類在網路上的足跡，甚至開始預測其網路（購物）行為，進而推動大數據分析在商業上的應用。

大數據分析的重點有二：一是「大數據」，二是「分析」。目前學界與業界對大數據的定義，大多認同大數據具備 4 個「V」的特性，包含：儲存大量資料（volume）、資料傳輸儲存速度快速（velocity）、資料類型多樣化（variety）、資料來源真實性（veracity），有的學者則加上能創造價值（value）這第 5 個 V。

這些數據來源可以是公司的內部資料，如員工人事資料、工作日誌或工作活動錄音錄影等；也可以是公司的外部資料，如消費者在臉書上的瀏覽偏好、供應商相關資料、網路平台購物資料、政府公開數據統計資料等。到底資料量要

多大（如至少 100TB 以上）、變項數目要多少才是大數據呢？這部分眾說紛紜，目前對大數據分析的看法，除了強調數據數量外，更重要的是數據種類需具備多元性（如行為、態度、數值、文字等）與真實性（如實際行為、交易金額等），並且要能有效運用這些數據分析的結果，為商業決策提出參考。

大數據分析受到實務界重視的主因，是公司能運用數據分析結果提升商業決策品質，進而提升獲利。亞馬遜公司的產品推薦系統，就是常見的大數據分析運用，快遞業者優比速（United Parcel Service）公司，則利用大數據分析規劃最佳送貨路線，不但降低送貨時間，也減少交通意外。

學者則希望能透過大數據分析，從龐大、凌亂且關係複雜的各類數據中，找出一些重要的隱藏資訊，找出指標之間的關係，用來了解人類行為的模式，進而預測行為，協助人們對複雜問題進行決策。此種利用大量數據進行數據分析、建模、預測、驗證的方式，統稱為大數據分析，直至今日，大數據分析儼然成為社會科學應用的顯學，廣泛運用在行銷管理與作業管理的範疇中。

在人力資源管理方面，大數據可用於效標關聯效度（criterion-related validity）分析，預測應聘者就職後可能的行為，常見的預測指標包含：工作表現、離職、反生產工作行為（counterproductive work behavior）等。此外，組織亦可建置用來預測員工工作行為的模型，為人力資源管理提供更完善的資訊。

例如美國矽谷公司 Brilliant 採用大數據和人工智慧（AI）檢視求職者的履歷，快速篩選出符合招聘工作條件和職位的求職者；日本軟銀（Softbank）則是採用 IBM 人工智慧系統 Watson，審查畢業大學生求職文件。其做法為先讓人力資源管理部門在 1500 份的求職資料評出高低分數，再交由 AI 系統學習，待 AI 系統成熟穩定後，即可應用於人力資源管理實務，預計將可縮短約四分之一審查應聘資料的時間。簡言之，一些公司已經開始用大數據和人工智慧，協助經理人對應聘者是否合適該職位進行綜合評估，簡化招募與甄選流程，以提升管理效能。

　　企業亦可透過大數據預測員工「留任」或「離職」的機率，同時也能建立和驗證影響員工離職行為的預測模型，於招聘與甄選人員時運用此預測模型，淘汰掉潛在高離職傾向的應聘者，進而減少這些人員入職後的訓練等成本。也可以透過大數據分析，了解影響員工工作投入的因素，例如 Google 的氧氣專案（Project Oxygen），大數據分析結果顯示，直屬主管是影響個人工作績效表現和工作滿意度的重要因素。

　　氧氣專案分析結果指出，高效能的 Google 主管具有 8 項特質（8 habits of highly effective Google managers），分別為：當個好教練、給予團隊成員授權、對團隊成員的成功和幸福感表示興趣、以生產和結果為導向、傾聽團隊意見，當個良好的溝通者、協助員工實現職涯發展、提供團隊明確的願景、具備關鍵技術，提供建議給團隊。具備這些特質的主管

能與「選、育、用、留」等人力資源管理實務有緊密的連結。Google 也根據這個分析結果修改公司的人力資源管理制度，例如：設計符合員工需求的發展課程等。由此可見，大數據分析的結果，確實能協助人力資源管理實務的決策，讓員工、主管和組織三方都從中獲益。

相較於其他管理領域（如行銷）大量運用大數據分析進行管理決策，大數據分析在人力資源管理領域的運用較不普遍，可能的原因有以下幾個，第一、大部分公司的人事資料僅屬於「小數據」的層級，所欲探討的關係通常也較為簡單，例如個人背景與留任之間的關係，只需要使用傳統數據分析技術即可，例如：T 檢定、變異數分析、多元迴歸分析、羅吉斯迴歸分析、因素分析等，不需要進行大數據分析。

第二、人力資源管理決策涉及員工勞動權益與人權，因此，資料蒐集時需留意個人資料隱私的議題；根據數據分析結果進行人力資源管理決策（如升遷）時，還需要考量客觀、公平、無偏誤等因素，以避免職場歧視。第三、人力資源管理實務者，較少使用大數據分析結果進行決策。

基於上述原因，人力資源管理實務者，在大數據的資料蒐集、分析、運用於管理決策上，比其他領域受到更多限制。例如亞馬遜公司曾在 2014 年進行一項大數據分析專案，企圖建立篩選求職者履歷表的分析模式，以提升招募與甄選效率。雖然分析結果顯示此預測模型良好，可以有效預測求職者是否適合該職位，但檢視指標後，卻發現該預測模型會給女性求職者較差的評價，可能有「性別偏誤」，為了避免

性別歧視，亞馬遜在 2015 年終止這項計畫。

　　由此可見，運用大數據分析協助人力資源管理決策是重要的**趨勢**，但大數據分析在人力資源管理上的運用仍有待發展。以下將以大數據分析決策應用的歷程，介紹大數據分析在人力資源管理上的應用，包括：確立分析議題、建立數據資料、探索資料、資料分析、決策決定。

二、確立分析議題

　　大數據分析是問題解決的方法，大數據分析的第一步，不是蒐集數據或將數據視覺化，而是提出並定義研究或實務問題。例如某公司飽受員工離職率過高、人力成本增加之苦，想透過大數據分析了解影響員工離職的因素，進而降低離職率，公司可以從多方面來思考此議題，像是要從人力資源管理「選、用、育、晉、留」的哪個面向著手分析問題，側重的方向不同，需要蒐集的資料、製作的指標都會不同，如果要著重在「訓」，除了蒐集員工訓練時數外，可能還需要蒐集訓練成效等訊息。

　　了解問題的過程中，可以參考的資料包括：離職面談的文字內容與離職理由、離職員工績效、業界離職率、公司員工滿意度調查資料、公司薪資在業界的水平、公司各部門的離職率、離職時間（如是否為離職旺季）。確定可能的方向與預測效標（如離職與否）之後，再了解公司中有哪些資料可以運用，考量是否需要蒐集新的資料，然後開始建置資料

庫，並思考可能的分析取向。

在人力資源管理實務中，需多利用公司既有的內部人事資料進行分析，有些也會向外部單位購買資料與公司既有資料整合，例如利用業界薪資資料調查，得出員工的薪資在業界的百分位數，不一定需要重新蒐集資料。

三、建立數據庫

大數據分析的第二步，是建立數據分析所需的資料庫，一般來說，人力資源管理使用的資料庫，包括公司內部員工資料與公司外部資料。

內部員工資料包括公司員工的個人基本資料、人事資料（薪資、考核、訓練紀錄、升遷等）、員工工作日誌等相關資料，外部資料則是從公司外，通常是從不同組織所蒐集來的人力資源管理相關資料，例如：業界薪資資料、履歷資料庫（如 104 人力銀行履歷資料庫）、職涯相關社群媒體（如 LinkedIn）的會員發文及會員人際網絡等資料、人力資源顧問業者蒐集的性格、認知能力、工作態度等測驗的各產業常模資料等。

除了需要付費的外部商業資料外，政府機關的公開資料也是重要的外部資料來源。一般而言，外部資料的分析結果用於了解一般工作者的態度與行為，但對個別公司而言，內部資料的數據分析結果，往往更能有效的協助公司進行人力資源管理實務決策。

在內部資料方面，近年來企業流程自動化、企業資源規劃系統（Enterprise Resource Planning，ERP）、人力資源資訊系統（Human Resource Information System，HRIS）的普及，為組織人力資源管理提供了多元的數據，包括：員工個人基本資料、每日出缺勤資料、薪資資料、離職、生產線產出資料、客服錄音資料、工作行為錄影、電腦使用歷史等。此外，由於雲端技術的進步，愈來愈多公司將人力招募流程雲端化或自動化，甚至將部分人力甄選流程自動化與雲端化。

　　舉例來說，聯合利華公司透過使用 Pymetrics 與 HireVue 的雲端自動化招募甄選服務，對求職者進行初步篩選，通過初步篩選的求職者，才會收到下一階段甄選活動通知。在該自動化招募歷程中，求職者除了上傳履歷資料外，還需要依照甄選網站指示輸入個人相關資訊、完成測驗或小遊戲、根據預錄的面試問題在時限內完成錄影面試。

　　此系統除了透過雲端自動化歷程，為招募公司節省人力與資源，更為公司蒐集豐富的求職者資訊，像是屬於結構化（structured）數據的測驗成績，以及屬於非結構化（unstructured）數據的面試影像。

　　結構化的數據泛指有固定格式、以數值方式來編碼的資料，例如年齡欄位只能填寫數字，且必須填寫兩位數；員工打卡時間的記錄方式是六位數字，代表 24 小時時制的時、分、秒；線上考試與活動，可以記錄答題時間與答對題數等；員工人事資料中的「雇用類別」變項，以 1 代表全職員工，2 代表兼職員工。結構化數據編碼的方式，使得資料彙整過程

較為簡便，且彙整後的數據通常可直接用於分析。

非結構化的數據則沒有特定格式，也較不曾以數值的方式來呈現或編碼，例如公司求職網頁請求職者貼上 500 字以內的中文自傳，網路甄選流程中求職者的聲音與影像訊息，這些非結構化數據通常需要透過整理且轉換後，才可以作為數據分析使用，例如影像往往要透過萃取特徵值後，才能用於數據分析。

一般公司最常蒐集的員工數據資料，除了個人基本資料、人事資料與意見調查外，還會蒐集員工日常工作行為的數據。根據 4V 原則，員工基本資料、人事資料與意見調查資料等，應屬於「小數據」資料，而員工日常工作行為的資料，則較偏向於大數據，例如客服部人員電話錄音、公司行銷企畫人員每日工作的網路使用行為、送貨人員送貨路線及停留時間、地點等數據。

這些數據可貴之處，在於反映自然情況下的員工自發性行為（spontaneous behavior），相較於因某些理由而刻意蒐集的員工意見或反應，自發性行為較不容易受到其他動機因素影響，如人情壓力、害怕秋後算帳，或社會期許（social desirability）等因素，因此更能真實貼近員工實際的工作行為，進而提高分析模式的效度。

總結來說，確定分析問題之後，就要建立分析所需要的數據庫。這些數據來源可能是公司既有的員工資料、日常工作營運資料、業界與政府調查資料，也可能是根據分析議題而重新蒐集的資料。

四、數據彙整

當數據量小且多為結構化數據資料時，較可能使用如 Excel 等軟體，以人工的方式清理數據資料（Data Cleaning），進行數據分析。然而，當數據量大，且有非結構化數據時，則要透過資料整合工具，如 Informatica 的 Power Center 或自行撰寫程式，透過萃取（extract）、轉型（transform）、載入（load）的 ETL 過程，將資料清理與彙整至所需格式，以供後續的數據分析所用。

一般來說，公司的資訊管理部門會協助完成 ETL 工作，而分析部門（如人力資源管理）的角色，則是提供以下資訊，如：公司有哪些數據可使用、資料轉型邏輯、數據分析需要哪些變項（如探討離職問題時，要以「員工在職天數」還是「離職與否」作為被預測的效標變項），換句話說，就是要將整理數據的需求及原則與資訊管理部門溝通，請他們協助完成 ETL 的過程，以下就萃取、轉型、載入等過程詳細說明。

1. 萃取

萃取是指將所需的數據從不同資料來源中萃取出來，舉例來說，公司想透過數據分析了解影響生產線員工離職的因素，使用公司的人力資源資料系統與工廠管理系統的資料，進行數據分析與建模。

這些資料庫可能包含以下數據：員工個人基本資料（如

性別、年齡、教育程度、年資、婚姻狀況等）、員工每日工作資料（如工作時數、早班或晚班、生產線、是否在假日上班等）、工廠環境資料（如有無宿舍、班別的外勞比例）、外在環境資料（如淡旺季、當月離職率等），通常這些資料會分別儲存在不同資料庫中，需要使用者從不同的資料庫匯出，例如員工的個人基本資料，可以從人力資源資訊系統匯出；員工出缺勤資料則可從工廠管理系統中匯出，前述歷程就是「萃取」數據步驟。

2. 轉型

轉型是指將數據清理轉換成需要的數據格式，例如分析時需要「員工每日工作時數」，而某作業員早上 8 點打卡進工廠，中午 12 點～ 1 點午休，晚上 6 點打卡離開工廠，在原始資料庫中，有 4 個欄位，分別記錄了該員工刷卡進出的時間，因為需要的數據分析資料是「當天工作時數」，因此需要利用這些資料，將該作業員當天的工作時數轉換為 9 小時，此為「轉型」步驟。

又例如，公司想以「週」為預測分析單位，則可計算該作業員每週的工作總時數。要計算該生產線的外勞占比，所需要的資料包括某一生產線上，某天、某班所有員工的國籍，在計算此指標時，是要用每天，還是用當月總人數來計算，則會視個別公司而定。此外，若為小數據，可以透過人工方式來進行運算，但若工廠生產線與員工很多，則需要使用電腦程式（如 python 等）或套裝軟體來處理。

即便是結構化的數據，往往因為分析單位（人、部門、工廠、天、週、月等）不同，而需要根據其操作型定義，重新建置分析需要的變項。此外，即便是同一集團，個別子公司或單位，也可能因為導入系統的時間不同，而採用不同資料庫軟體，甚至以不同的資料格式，記錄同一個員工資料或工作行為。舉例來說，某員工可能最早在集團的 A 子公司任職，後來轉任到 B 子公司，或是某作業員原本在集團的竹科廠上班，後來因故到南科廠上班，但因為子公司與工廠間的資料庫系統不同，因此數據彙整時需要透過轉型，才能將同一位員工的資料予以整合。因此，在整併公司內部數據時，還需特別留意是否有不同員工，在不同資料來源中有相同的員工編號，避免數據彙整錯誤。

3. 載入

載入是指將整理好的資料，匯出到指定的目的地，如資料倉儲或分析所需的資料庫中。若資料龐大，又會經常更新，則此部分可能會需要相當的儲存空間。

總結來說，進行大數據分析前需要先克服資料蒐集與彙整的挑戰。Oswald 等人（2017）指出，進行大數據分析時共有 7 個資料特點需特別注意，包括：數據來源（source）、樣本（sample）、結構和一致性（structure and consistency）、時間強度（time-intensity）、國家、語言和文化（country, language, and culture）、衡量單位是否可彼此比較（comparative equivalence of units of measurement）以及時機與更新（timing and updating）等特點。

　　由此可見，進行大數據分析之前，需要不斷的進行資料清理與轉型，這也是大數據分析最耗時耗力的環節。

五、數據分析與運用

　　大數據分析屬於一種統計分析，分析模型可以分為解釋性模型（explanatory model）與預測性模型（predictive model）兩類。

　　解釋性模型著重了解現象之間的因果關係，例如工作出差時數與員工離職的關係，通常採取由上而下（top-down）的驗證思維，分析者要先有一些因果關係的假設後才進行分析，常用的分析方法為多元迴歸分析。

　　預測性模型旨在找出有效預測效標變項（結果變項，如在職天數）的預測變項組合（如性格、教育背景、年資等），例如想了解哪些預測變項組合，最能有效預測員工業績表現（效標變項），這類分析通常不會預先設定哪些預測變項有用、哪些預測變項要納入分析，重點在於找出最有預測力的組合，通常採取由下而上（bottom-up）的資料導向思維，常見的分析方法包括集群分析或機器學習。

　　由於解釋性模型的重點在於科學調查（scientific inquiry），故著重模式簡約與解釋力的平衡，研究變項愈少愈好，而預測性模型旨在提高對效標變項的預測力，只要能提高預測力，增加預測變項並不是問題，因此模型可能會相當

複雜。

　　無論是哪種模型，數據分析的過程大致可以分為建模
（modeling training）與驗證（validation）兩階段，相較於傳統
統計分析，將所有資料用於假設驗證，大數據分析通常先使
用部分資料建模，得出最佳的預測模式，再以剩下資料來驗
證預測模式的好壞。

　　目前大數據分析的運用大多側重於預測，為了提升預測
力，除原始變項外（如工作年資 x），可能會建置該變項的多
次方（如工作年資的三次方 x^3），或是不同變項的乘積變項
（如「出差天數」乘以「年資」），將這些變項的多次項或乘
積項也一起納入分析。因此容易出現變項總數（如 6 萬個分
析變項）大於資料樣本（如 5 萬位員工）的問題。在這種情
況下，傳統統計分析技術較不適用，而較常使用以下分析技
術，包括：決策樹、各類隨機森林分析法（random forest
regression、random forest classification、random forest
clustering）各類 K 近鄰演算法（k-nearest neighbor regression、
k-nearest neighbor classification、k-nearest neighbor clustering）、
類神經網路（artificial neural networks）等。

　　當用於訓練模式的數據量足夠時，建構的模式愈能準確
預測效標變項，故預測性模型較受到實務工作者的青睞。然
而，預測性模型是基於資料導向，此模型有效協助商業決策
的程度，將取決於未來預測環境與建模環境的相似程度。

　　以 Google 流感趨勢（Google Flu Trend）的大數據分析研
究為例，Google 透過 2003 年至 2008 年的大數據資料，建立

流行性感冒的預測模式，雖然該模式有效預測 2009 年 H1N1 的散布，但是預測 2010 年流感的正確性卻偏低，Google 納入新資料進行模式修正後，新模式能有效預測 2011 年的狀況，到了 2012 年，此模式預測當年流感的準確性又降低。

這個例子凸顯了完全以資料導向的預測性模型的難題，即預測性模型的預測力，相當依賴建模的數據結構，一旦預測情境與建模情境不同，預測力就會受到大幅影響。預測性模型另一個常見的問題是，雖然模型能有效預測效標，但有時被選出的預測變項卻令人匪夷所思，造成無法合理解釋此關係的窘境，故使用預測性模型時，要避免「垃圾進，垃圾出」（Garbage In, Garbage Out，GIGO）的窘境。

六、大數據分析在人力資源管理的應用

Davenport 等人（2010）指出，有 6 類數據分析可以協助人力資源管理實務，由簡至繁依次是：人力資本事實（human-capital facts）、分析性人力資源（analytical HR）、人力資本投資分析（human capital investment analysis）、人力預測（workforce forecasts）、人才價值模型（talent value model），以及人才供應鏈（talent supply chain）。

除了「人力資本事實」與「人力資本投資分析」外，其他四類都有大數據分析的實例，可見大數據分析的應用，已擴展至人力資源管理實務的規劃和決策，以下介紹大數據分析在人力資源管理的實務應用。

1. 留才與提升工作表現

員工離職公司付出的成本很高，無論是個別公司或是人力資源管理顧問業，大數據分析的首要應用，就是如何透過大數據分析的結果留才。例如 Evolv 公司透過分析 13 個國家、超過 500 萬筆的員工資料，欲了解不同產業員工的工作行為，Evolv 公司透過此大數據分析，協助全訊科技（Transcom）公司將客服中心的員工離職率降低 30%，也協助 Kelly 公司將員工工作效率提升 7%。

Sociometric Solutions 公司協助美國銀行找出影響員工生產力的因素。其分析結果指出，讓員工可以一起休息（如午休）是影響生產力的重要因素，員工會藉著這個機會互相吐苦水消除工作上的不愉快，有經驗的員工也會分享如何與不講理的客人互動，這種即時的反應與互動，使得員工的工作表現較佳。

IBM 公司以大數據與人工智能所發展的員工離職預測模式，準確度高達 95%，每年為 IBM 公司在留才上節省了高達 3 億美元的費用。而在中國設廠的和碩聯合公司，則根據大數據分析，了解薪資與獎金對員工離職的重要性，並且有效預測生產線員工的離職行為，提升該公司人力資源規劃與生產管理的決策成效。

2. 選才

選才的品質不但影響員工工作表現，也會影響員工留才，因此，人力資源管理另一個常見的大數據分析應用是甄

選的判斷與決策。

目前大數據和 AI 技術已經能將個人的臉部表情變化、肢體語言、語氣聲調等細微的資訊予以保存編碼，快速估算出一個人的人格特質或能力，將之整合給徵才公司參考。許多公司希望透過大數據分析來提升甄選的效果，例如亞馬遜公司曾利用大數據分析技術，分析求職者履歷表內容，並且與公司在職者做比較，進而建立篩選履歷的模式，不過最後因為可能存在性別偏誤而作罷。

人力資源管理顧問公司（如 Pymetrics 與 HireVue）則透過提供雲端自動化的甄選服務，提供考試、遊戲、面試等活動，取得求職者的大數據，建立認知能力或性格測驗的常模資料，作為甄選時的參考依據；美國 Novo 1 顧客關係服務公司則透過大數據分析，找出工作表現好的員工具備哪些特質，並且招募此類員工，因此將面試時間從 1 小時降低到 12 分鐘，員工每通電話的平均通話時間也降低了 1 分鐘，還讓員工離職率降低了 39%。

3. 育才與晉任

培養公司內部管理人才是重要的人力資源管理活動，因此，預測管理人才也是不少公司使用大數據資料分析的目的之一，分析此議題大多會採用公司內部的數據，可能屬於小數據分析，較有名的例子為 Google 人力營運部門（People Operations）執行多年的氧氣專案，其目的為找出優秀的管理者應具備哪些重要條件。

4. 員工身心健康

　　近年來，職場健康是重要的管理議題，有不少公司利用穿戴裝置蒐集員工工作數據，並且進行分析。例如在工廠安全管理的領域中，Modjoul 透過穿戴智慧裝置（如智慧手環、智慧皮帶），蒐集客戶公司員工工作行為的數據，用於監控工廠狀態，並且根據大數據分析建立的模型，即時提供公司職場安全訊息，進行工廠公共安全管理。

七、人力資源管理人員的角色

　　根據前述說明，大數據分析只是另一種了解組織實務現象的方法，若要將大數據分析運用在人力資源管理決策，需要由人力資源管理人員提出並且定義問題，再根據其專業實務知能，提供大數據資料整理的方向，解讀分析結果的實務意涵。

　　在大數據分析專案中，人力資源管理人員根據要解決的具體問題，在資訊管理人員協助下，倚賴人力資源管理專業知能，從組織現有的大數據中進行資料清理活動，例如排除多餘的數據資料、確認效標變項為何。建議可先以理論導向的方式，指出可能的重要預測變項，再與大數據分析人員討論建立和驗證模型的方法，最後提出可能解決問題的方案。

　　由於專業訓練重點不同，人力資源管理部門在運用大數據分析時，通常面臨的第一個挑戰是「人力資源管理人員缺乏分析的敏銳度和技能」。根據 2016 年美國人力資源管理協

會（Society for Human Resource Management，SHRM）調查指出，人力資源管理人員缺乏大數據專業知能和技術，不善於使用人力資源相關數據來預測員工的績效表現，使得大數據分析在人力資源管理領域的應用受到阻礙與限制。

由此可見，提升人力資源管理人員對大數據分析實務的了解是當務之急。如前所述，大數據分析專案歷程相當耗時耗力，無論是數據彙整的 ETL 歷程，或建立測試預測性模型的驗證流程，往往需要借助電腦程式處理，這部分工作需要借助資訊專才完成，並非一般人力資源管理人員應積極培養的知能。

此外，大數據分析專案的進行方式會因為公司規模大小而不同，大企業可能選擇自行建立大數據分析部門，專門協助各部門進行大數據分析專案，規模較小的公司，則可能透過顧問服務完成大數據分析專案。然而，無論大數據專案是否由人力資源管理部門主導，人力資源管理人員需具備以下知能，方能協助推動大數據分析在人力資源管理的應用。

1. 大數據的意義

公司系統中有哪些數據可用於分析？哪些數據資料需要蒐集整合？原始數據的性質為結構化數據還是非結構化數據，原始數據（如工作日誌上的打卡時間）如何轉變成分析用的變項？如何計算或得出重要的效標變項，如結案率、目標達成率、顧客滿意度、離職與否？

2. 數據分析基本概念

　　大部分公司內部的員工數據屬於小數據範疇,若以公司既有的結構化資料進行分析,可使用常見的統計分析方式處理,包括變異數分析、卡方分析、相關分析、迴歸分析、羅吉斯迴歸分析、集群分析、區別分析等。國內商管科系與人力資源管理相關科系,統計必修課程都會介紹這些數據分析方法。

3. 數據分析能力

　　人力資源管理部門應具有使用統計軟體,對小數據進行分析的能力,Excel 軟體具備相當的統計功能,建議人力資源管理部門人員應加以熟悉。然而,但當數據量多時,Excel 容易因為選擇資料區塊與撰寫統計函數而出錯,因此,也建議人力資源管理人員培養使用其他免費統計軟體的能力。

　　若具備寫程式基礎者,可學習 R 語言,R 語言是一個分析與資料視覺化功能相當強大的軟體,能夠處理複雜的統計分析問題;若不具備寫程式的基礎,可考慮學習 JASP(以 R 語言為基礎的免費視窗化統計軟體),該軟體也包括基本的機器學習分析功能;若需要較複雜的機器學習相關分析,如圖形分類分析,可考慮使用 Orange 這個免費軟體。無論是 R 語言、JASP 或是 Orange,都是免費軟體,且具備完成小數據分析所需的功能。三者中以 JASP 最容易上手,建議有意自行分析數據的人力資源管理人員,從 JASP 軟體開始學起。

　　近年來,資策會、中華人事主管協會這些組織,也提供

大數據人力資源管理師的相關訓練課程，以培訓人力資源管理的大數據分析人才。此外，部分台灣企業也開始招募具備大數據分析專長的人力資源專案規畫師，希望透過大數據分析結果，協助人力資源管理部門在「選、育、用、留」人才上做出更好的決策。

八、大數據分析的法律考量

　　大數據分析最常涉及的法律議題之一，就是員工個人隱私問題。在台灣，基於個人資料保護法的法律條款，公司必須嚴謹遵守保護員工個人資料的規定，不能隨意揭露員工個人資料，因此員工資料大多僅能被當時受雇的公司使用，較難整併多家公司員工的資料。而歐盟跨國企業也受限於各國法律規範，無法同時檢視同一企業、不同國家員工的資料，另外，美國法律規定若分析結果不利於某群體，公司的管理階層需針對特定的法律做出回應。

　　在分析員工工作行為方面，有些公司要求員工使用穿戴裝置，或是在公司多處安裝攝影機來蒐集員工工作行為的資料，雖然這些數據是用於公司內部分析，甚至用於預防職場傷害，但這些做法是否侵犯個人隱私，是否合乎個資法的精神，是每家公司需要留意的法律議題。

　　此外，由於人力資源管理決策涉及員工工作權益，因此大數據分析所建立的預測模型是否有所偏誤，甚至影響少數員工的權益，也是運用大數據分析進行人力資源管理決策時

要注意的議題，特別是大數據分析是基於既有資料所得出的結果，因此該模式往往反映的是公司現有狀況的特性。

以亞馬遜透過大數據分析建立履歷甄選模式為例，該預測模式找出最有預測力的指標之一是求職者的性別，且男性優於女性。這種分析結果並不令人意外，因為亞馬遜公司的員工組成結構，全球員工有 63% 是男性，且 75% 經理人為男性。在美國境內，亞馬遜員工有 60% 是白人，且 75% 的主管是白人。若亞馬遜要以美國境內員工的數據進行大數據分析，建立預測美國境內員工管理潛能的模式，員工性別必定是一個有效的預測指標（男性優於女性），員工種族也會是一個有效的預測指標（白人優於少數民族）。

由此可見，這種資料導向的大數據分析結果未必客觀公正，反而可能因為工作場域既有的歧視與偏見，得出對特定族群不利的分析結果，更進一步加劇職場的不公平與歧視。因此，大數據分析在人力資源管理的另一個法律議題，就是透過數據分析結果進行人事決策，是否符合公平正義的精神。

九、結語

運用大數據分析協助人力資源管理決策是重要的管理趨勢，人力資源管理人員除了需具備專業知能外，還需具備大數據商業分析概念，及大數據分析結果是否符合相關法規與道德的要求，以協助資訊管理等大數據專業人員完成專案。

這些知能包括：定義大數據專案問題、了解可運用的資

料庫、定義分析變項與分析效標、協助解讀得出的統計分析模式、留意大數據專案可能涉及的法律考量，最後方能運用大數據分析結果進行人力資源管理決策，例如選出適合企業所需的人才、設計完善且具激勵效果的薪酬制度、留住優秀人才等，為企業長期發展奠定良好的基礎。

參考文獻

1. 胡昌亞、林秋炭、陳嘉純 (2020)，「大數據要我別聘你：大數據分析在人力資源規劃之運用」，政大商管個案中心，(09-DC-01)。

2. 2B Hackathon Big Data Challenge - Pegatron | Kaggle.(2015, May). Retrieved April, 30, 2020, from https://www.kaggle.com/c/2bhackathon-pegatron/overview

3. Cappelli, P.(2017/06/02). There's No Such Thing as Big Data in HR. *Harvard Business Review Digital Articles*, 1-4.

4. Dastin, J.(2018, October 10). Amazon scraps secret AI recruiting tool that showed bias against women. Retrieved April 30, 2020, from https://www.reuters.com/article/us-amazon-com-jobs-automation-insight/amazon-scraps-secret-ai-recruiting-tool-that-showed-bias-against-women-idUSKCN1MK08G

5. Davenport, T. H., Harris, J., & Shapiro, J.(2010). Competing on talent analytics. *Harvard Business Review, 88(10)*, 52-58.

6. Feloni, R.(2017, June 28). Consumer-goods giant Unilever has been hiring employees using brain games and artificial intelligence and it's a huge success. Retrieved April 30, 2020, from https://www.businessinsider.com/unilever-artificial-intelligence-hiring-process-2017-6?utm_source=copy-link&utm_medium=referral&utm_content=topbar

7. Financial Times.(2014, February 17). Data pioneers watching us work. Retrieved April 30, from https://www.ft.com/content/d56004b0-9581-11e3-9fd6-00144feab7de?mhq5j=e3

8. Isson, J. P., Harriott, J. S., & Fitz-enz, J.(2016). *People analytics in the era of big data.* Hoboken, NJ, United States: Wiley.

9. Mirza, S.(2018, May 07). Analytics in HR: Google's project oxygen. Retrieved April, 30, 2020, from https://datacritics.com/2018/04/11/analytics-in-hr-googles-project-oxygen/

10. Oswald, F. L., Behrend, T. S., Putka, D. J., & Sinar, E.(2017). Big data in industrial-

organizational psychology and human resource management: Forward progress for organizational research and practice. *Annual Review of Organizational Psychology and Organizational Behavior, 7*, 505-533. https://doi.org/10.1146/annurev-orgpsych-032117-104553

11. Peck, D.(2014, February 19). Retrieved April, 30, from https://www.theatlantic.com/magazine/archive/2013/12/theyre-watching-you-at-work/354681/

12. Silverman, R. E.(2016, February 18). Bosses tap outside firms to predict which workers might get sick. Retrieved April 30, 2020, from https://www.wsj.com/articles/bosses-harness-big-data-to-predict-which-workers-might-get-sick-1455664940

13. Soper, T.(2014, November 1). Amazon releases diversity numbers: 75% of managers male, 60% of U.S. employees white. Retrieved April 30, 2020 from https://www.geekwire.com/2014/amazon-releases-diversity-numbers/

14. Simsek, Z., Vaara, E., Paruchuri, S., Nadkarni, S., & Shaw, J. D. (2019). New Ways of Seeing Big ata. *Academy of Management Journal, 62*(4), 971-978. doi:10.5465/amj.2019.4004

15. Taube, A.(2014, November 19). How this company knows you're going to quit your job before you do. Retrieved April 30, 2020, from https://www.businessinsider.com/workday-predicts-when-employees-will-quit-2014-11?international=true&r=US&IR=T

✎ Note

Note

✎ Note

Note

Note

國家圖書館出版品預行編目 (CIP) 資料

人力資源管理的 12 堂課 / 李誠等著；
　　吳佩穎總編輯 . -- 第五版 . -- 臺北市：遠見天下文化，
　　2020.08
　　　　面；　公分 . -- (財經企管；BCB708)
　　ISBN 978-986-5535-49-0(平裝)
　　1. 人力資源管理
494.3　　　　　　　　　　　　　　　　109011211

財經企管 BCB708

人力資源管理的 12 堂課（全新內容・經典珍藏版）

作　　者 —— 李誠、房美玉、蔡維奇、林文政、黃同圳、劉念琪、王群孝、
　　　　　　葉穎蓉、陳春希、陸洛、鄭晉昌、胡昌亞（按文章出現順序排列）

總 編 輯 —— 吳佩穎
責任編輯 —— 李文瑜
封面設計 —— 張議文
內頁設計 —— 可樂果兒

出 版 者 —— 遠見天下文化出版股份有限公司
創 辦 人 —— 高希均、王力行
遠見・天下文化 事業群榮譽董事長 —— 高希均
遠見・天下文化 事業群董事長 —— 王力行
天下文化社長 —— 王力行
天下文化總經理 —— 鄧瑋羚
國際事務開發部兼版權中心總監 —— 潘欣
法律顧問 —— 理律法律事務所陳長文律師
著作權顧問 —— 魏啟翔律師
地址 —— 台北市 104 松江路 93 巷 1 號 2 樓

讀者服務專線 —— 02-2662-0012 ｜ 傳真 — 02-2662-0007, 02-2662-0009
電子郵件信箱 —— cwpc@cwgv.com.tw
直接郵撥帳號 —— 1326703-6 號　遠見天下文化出版股份有限公司

製 版 廠 —— 東豪印刷事業有限公司
印 刷 廠 —— 祥峰印刷事業有限公司
裝 訂 廠 —— 台興印刷裝訂股份有限公司
登 記 證 —— 局版台業字第 2517 號
總 經 銷 —— 大和書報圖書股份有限公司 電話／(02)8990-2588
出版日期 —— 2000 年 1 月 1 日第一版第 1 次印行
　　　　　　2024 年 7 月 23 日第五版第 14 次印行

定價 —— NT500 元
ISBN —— 978-986-5535-49-0
書號 —— BCB708
天下文化官網 —— bookzone.cwgv.com.tw

本書如有缺頁、破損、裝訂錯誤，請寄回本公司調換。
本書僅代表作者言論，不代表本公司立場。